普通高等教育"十四五"系列教材

工程地质及水文地质实习指导

何红前　崔江利　黄健瀚　范亚洲　赵贵章　编

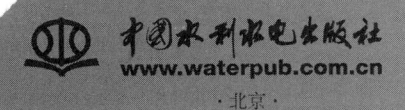

中国水利水电出版社
www.waterpub.com.cn
·北京·

内 容 提 要

本书共分两篇：第一篇是野外地质工作，包括地质罗盘的结构及应用、地形图的基本知识及应用、地质图的基本知识及应用、岩石的野外观察与描述、地层的野外观察与描述、地质构造的野外观察、实测地质剖面、地质填图、3S 技术及应用等；第二篇是济源教学实习区地质，包括自然地理概况、区域地质概况、水文地质概况、水利工程概况、实习教学安排等。

本书适合地质工程、岩土工程、水利工程、地球物理学等专业的野外地质教学使用，也可作为相关专业的教师和工程技术人员的参考书。

图书在版编目（CIP）数据

工程地质及水文地质实习指导 / 何红前等编.
北京：中国水利水电出版社，2025.6. --（普通高等教育"十四五"系列教材）. -- ISBN 978-7-5226-2321-4
Ⅰ. P64
中国国家版本馆CIP数据核字第20259Y73F2号

书　　名	普通高等教育"十四五"系列教材 **工程地质及水文地质实习指导** GONGCHENG DIZHI JI SHUIWEN DIZHI SHIXI ZHIDAO
作　　者	何红前　崔江利　黄健瀚　范亚洲　赵贵章　编
出版发行	中国水利水电出版社 （北京市海淀区玉渊潭南路1号D座　100038） 网址：www.waterpub.com.cn E-mail：sales@mwr.gov.cn 电话：(010) 68545888（营销中心）
经　　售	北京科水图书销售有限公司 电话：(010) 68545874、63202643 全国各地新华书店和相关出版物销售网点
排　　版	中国水利水电出版社微机排版中心
印　　刷	天津嘉恒印务有限公司
规　　格	184mm×260mm　16开本　9印张　219千字
版　　次	2025年6月第1版　2025年6月第1次印刷
印　　数	0001—2000册
定　　价	**30.00元**

凡购买我社图书，如有缺页、倒页、脱页的，本社营销中心负责调换
版权所有·侵权必究

前 言

工程地质及水文地质实习是地质工程、岩土工程、水利工程、地球物理学等专业在校学习的一个重要教学环节，是专业课教学的继续与补充，也是大学生从校园走向社会不可缺少的过渡环节。它不仅是学生进行综合训练的实践性教学环节，也是学生完成从课堂理论学习向工程实践转换的关键性教学环节。本书可使学生将理论与实践相结合，巩固与强化专业知识，提高实践能力、专业素质与思想政治素质。

本书是对大学期间所学工程地质和水文地质专业知识的一次全面、综合的测试和运用，同时培养学生不怕艰苦、严谨认真的工作作风，为以后的工作打下良好的专业基础。

本书由何红前、崔江利、黄健瀚、范亚洲、赵贵章编写，全书共分十四章，其中第一至三章由何红前编写；第四章由范亚洲编写；第五章由黄健瀚编写；第六至八章由崔江利编写；第九至十一章由何红前编写；第十二至十三章由赵贵章编写；第十四章由何红前编写，全书由何红前统编定稿。

在本书编写过程中，得到了华北水利水电大学地球科学与工程学院各位领导和同事的大力协助和无私帮助，编者参考和引用了众多文献和前人的研究成果，在此谨表衷心感谢。

由于编写时间仓促，编者学术水平有限，书中不足或错误之处在所难免，恳请读者批评指正提出宝贵意见，以便今后补充修正。

编者

2025 年 5 月

目　录

前言

第一篇　野外地质工作

第一章　地质罗盘的结构及应用 ··· 3
第一节　地质罗盘的结构 ··· 3
第二节　地质罗盘使用 ··· 4

第二章　地形图的基本知识及应用 ······································· 9
第一节　我国常用的大地坐标系简介 ····································· 9
第二节　我国常用的高程基准面简介 ···································· 10
第三节　地形图的分幅 ·· 12
第四节　地形图的投影 ·· 13
第五节　地形图要素与阅读 ··· 15
第六节　地形图的使用 ·· 17

第三章　地质图的基本知识及应用 ······································ 19
第一节　地质图的概念及图式规格 ······································ 19
第二节　阅读地质图 ·· 22
第三节　地质剖面图的绘制 ··· 23
第四节　综合地层柱状图的绘制 ·· 24

第四章　岩石的野外观察与描述 ·· 25
第一节　主要造岩矿物 ·· 25
第二节　沉积岩分类、命名与描述 ······································ 31
第三节　变质岩分类、命名及描述 ······································ 36
第四节　岩浆岩分类、命名及描述 ······································ 43

第五章　地层的野外观察与描述 ·· 49
第一节　岩性、岩性组合及地层结构的观察描述 ······················· 49
第二节　地层接触关系及野外识别标志 ································· 49
第三节　地层单位 ··· 49
第四节　原生沉积构造及岩层面向确定 ································· 50

第六章 地质构造的野外观察 ······ 52
第一节 节理 ······ 52
第二节 褶皱 ······ 53
第三节 断层 ······ 55
第四节 面理 ······ 57

第七章 实测地质剖面 ······ 60
第一节 实测地质剖面的内容和工作方法 ······ 60
第二节 实测剖面地质小结（总结）内容提纲 ······ 64

第八章 地质填图 ······ 65
第一节 地质填图概述 ······ 65
第二节 地质填图方法 ······ 65
第三节 地质报告编写和图件清绘 ······ 68

第九章 3S 技术及应用 ······ 69
第一节 3S 技术概念 ······ 69
第二节 地质行业常用 3S 软件简介 ······ 70
第三节 GPS 手持机简介 ······ 75

第二篇 济源教学实习区地质

第十章 自然地理概况 ······ 79
第一节 交通位置概况 ······ 79
第二节 气候 ······ 79
第三节 水文 ······ 79
第四节 地形地貌 ······ 81

第十一章 区域地质概况 ······ 84
第一节 区域地层概况 ······ 84
第二节 区域地质构造 ······ 86

第十二章 水文地质概况 ······ 90
第一节 含水岩组类型及其分布 ······ 90
第二节 地下水的补给、径流、排泄条件及动态变化规律 ······ 94
第三节 地下水的化学特征 ······ 96

第十三章 水利工程概况 ······ 97
第一节 河口村水库 ······ 97
第二节 蟒河口水库 ······ 102
第三节 引沁济蟒渠 ······ 115
第四节 秦渠枋口 ······ 116

第十四章 实习教学安排 ······ 119
第一节 实习要求 ······ 119

第二节　实习的主要内容 …………………………………………………… 120
　　第三节　实习路线 …………………………………………………………… 120
　　第四节　地质实习报告编写 ………………………………………………… 129
　　第五节　实习纪律与安全 …………………………………………………… 130
参考文献 …………………………………………………………………………… 133

第一篇 野外地质工作

第一章　地质罗盘的结构及应用

地质罗盘，简称罗盘，是地质工作人员在野外进行地质调查必备的重要工具之一。借助地质罗盘可以确定方向和观察点所在的位置，测出观察面的空间位置（如岩层层面、褶皱轴面、断层面、节理面等构造面的空间位置）。因此，地质工作者必须会正确熟练使用地质罗盘。

第一节　地质罗盘的结构

地质罗盘主要包括磁针、水平仪和倾斜仪；结构上可分为底盘、外壳和上盖。主要仪器均固定在底盘上，三者用合页联结成整体。

地质罗盘（图 1-1）由刻度盘、磁针、水准器以及照准器四部分构成。

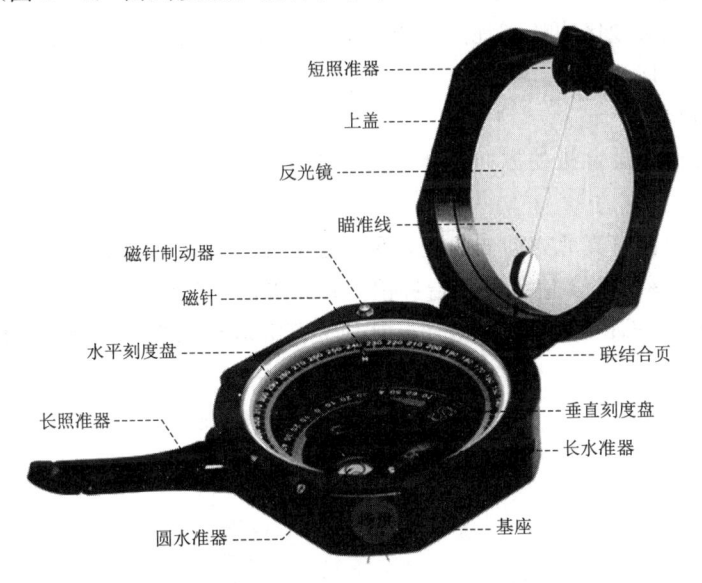

图 1-1　地质罗盘的构成

刻度盘：分方位圆形刻度盘和半圆双向刻度盘，方位刻度盘按逆时针方向 0°～360°刻画度数，每小格 1°，每 10°做标注。刻度盘可以调节，调节装置在罗盘侧面。需要调校磁偏角时，用罗盘袋上附带的片式调节器调整。半圆双向刻度盘在罗盘内部底板一侧，中间为 0°向两侧至 90°。

磁针：罗盘内部中心顶针上有可自由转动的磁针，一般用黑白表示两极。当罗盘水平静置时，其北针所指的方向即为磁北方向。由于我国位于北半球，磁针两端所受磁力不等，使磁针失去平衡。为使磁针保持平衡，常在磁针南端绕上几圈细铜丝，同时也便于区分磁针的南北两端。

水准器：罗盘内有圆水准器和测斜水准器。圆水准器用于水平安置罗盘时使用，此时让圆水准器气泡居中。测斜水准器用于测量倾角大小或坡度，测量时瞄准器为一组装在0°～180°方向上可折式觇板，与上盖中反光镜一起使用。测量目标物方位时，让所测目标物反光镜中影像、镜中觇板尖端及反光镜平分线三点一线，持平罗盘，北针所指读数即为目标物方位大小，南针所指读数即为测手在所测目标物的方位大小。

照准器：分为长照准器、短照准器，反光镜把目标映入镜线，短照准器的尖和视孔、长照准器的尖和视孔、反光镜的椭圆孔的有机组合可在不同条件下测量产状和进行地形草测。

第二节 地质罗盘使用

使用罗盘取得的各种数据的准确性，除了受地质人员个人操作水平影响外，主要取决于罗盘的质量。因此在使用罗盘前需要对罗盘进行检查，查看罗盘是否完好，磁针能否转动，水准器是否正常，罗盘上盖以及瞄准器是否松动。在罗盘完好情况下，使用罗盘时需要了解以下概念。

一、磁北方向

在地球磁场正常地区内的某地点，当罗盘指针静止时磁针北端所指的方向，即为磁北方向或磁子午线方向。

二、真北方向

地球某点指向地球北极的方向，即为真北方向或真子午线方向。

三、磁偏角

某点磁北方向偏离真北方向的角度，称为磁偏角，以 δ 表示。以磁北针为准，指针偏向真北以东，称为东偏，δ 值为正；指针偏向真北以西，称为西偏，δ 值为负（图1-2）。我国除新疆、西藏等部分地区为东偏外，其他大部分城市的都是西偏。我国部分城市的磁偏角见表1-1。

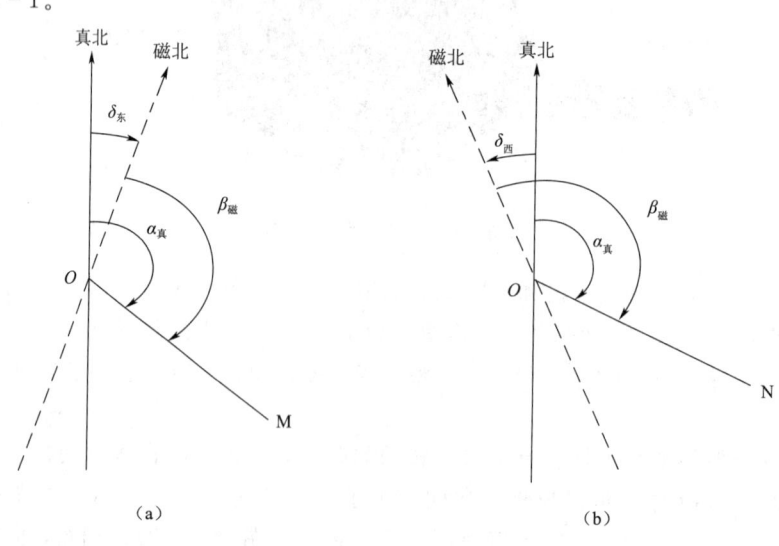

图1-2 真方位角与磁方位角关系
(a) 东偏；(b) 西偏

表 1-1　　　　　　　　我国部分城市的磁偏角（1997年值）

序号	地名	磁偏角	序号	地名	磁偏角
1	齐齐哈尔	9°48′（W）	27	武昌	3°21′（W）
2	哈尔滨	9°51′（W）	28	南昌	3°21′（W）
3	延吉	9°37′（W）	29	沙市	3°05′（W）
4	长春	9°14′（W）	30	台北	3°14′（W）
5	沈阳	8°05′（W）	31	西安	2°30′（W）
6	大连	6°58′（W）	32	福州	3°23′（W）
7	承德	6°25′（W）	33	长沙	2°41′（W）
8	烟台	6°12′（W）	34	赣州	2°48′（W）
9	天津	5°40′（W）	35	兰州	1°33′（W）
10	济南	4°51′（W）	36	厦门	2°38′（W）
11	青岛	5°31′（W）	37	重庆	1°45′（W）
12	保定	5°25′（W）	38	西宁	1°00′（W）
13	大同	4°43′（W）	39	桂林	1°50′（W）
14	徐州	4°52′（W）	40	成都	1°09′（W）
15	太原	4°12′（W）	41	贵阳	1°30′（W）
16	包头	4°00′（W）	42	康定	0°52′（W）
17	北京	6°05′（W）	43	广州	1°49′（W）
18	上海	4°43′（W）	44	昆明	0°57′（W）
19	合肥	4°25′（W）	45	保山	0°52′（W）
20	杭州	4°35′（W）	46	南宁	1°15′（W）
21	安庆	4°01′（W）	47	海南海口	1°28′（W）
22	洛阳	3°49′（W）	48	拉萨	0°12′（E）
23	温州	4°07′（W）	49	玉门	0°01′（E）
24	南京	4°59′（W）	50	和田	2°36′（E）
25	信阳	3°46′（W）	51	乌鲁木齐	3°05′（E）
26	汉口	3°21′（W）			

注　表中所列数值是代表1997年数据，其后数年内使用时，按不同城市每年增减1′修正，即凡数据偏东（E）者每年增加1′，偏西（W）者每年减少1′。

四、方位角

在水平面上，某直线所指向方位，从标准方向的北端起顺时针转向此直线的水平角度，称为该直线的方位角。以真北为标准方向所测方位角称为真方位角（α），以磁北为标准方向所测方位角称为磁方位角（β）。通常地图上所标方位角为真方位角。真方位角

与磁方位角换算关系为

$$\alpha = \beta + \delta \tag{1-1}$$

式（1-1）中，当东偏时 δ 取正值，西偏时 δ 取负值。

由于某地区磁偏角在一定时期内变化相对较小，可视作此地磁偏角为固定值。使用罗盘时，为了直接读得真方位角大小，需要对罗盘进行磁偏角修正。修正方法是：在地质罗盘上，磁偏角西偏时逆时针修正，磁偏角东偏时顺时针修正。若东偏5°，则将5°刻划线调至对准罗盘北端标记线即可。如北京地区西偏5°50′，则将354°10′刻划线调至对准北端标记线即可。真方位角和磁方位角的关系见图1-2。

罗盘调整完毕后，就可以投入野外使用了。罗盘的野外用途主要包括：测量方位、地质定点、测量地形坡度、测量地质体产状。

五、测量方位

目标方位是指观测者至目标两点的射线方位。

测量方位时罗盘用法：将罗盘瞄准觇板折成直角，并使小孔—反光镜中线—目标三点成一直线，当圆形水泡在反光镜内居中时，水平度盘上磁南针（带金属丝一端）所指的度数，即观测者至目标物的方位（图1-3）。

图1-3 测量方位时罗盘使用方式

方位角的表示方法：在水平面内顺时针方向将全圆均分为360°，其中上北为0°，下南为180°，左西为270°，右东为90°，测量出的具体数字：方位所在的象限是固定的，如45°为NE象限，225°为SW象限，有时度数前冠以方向符号，如NE45°、SW220°等。其标记方法不应与象限角相混淆，象限角是以N、S为准，记述目标方位偏离的度数，如N45°E读作北偏东45°，即方位角NE45°；S40°W读作南偏西40°，方位角则是SW220°。

六、坡度角测量

地形坡度角是指观测者至目的物两点的连线与其在水平面上投影线所夹的角度。以前进方向下坡为负，上坡为正。用地质罗盘测量地形坡度角时，使瞄准觇板折成直角的小孔—反光镜中间线—目的物三点成一条直线，罗盘侧立，调节圆柱形水泡居中，垂直刻度盘上指示器留下的度数，即所测坡度角。

七、地质体产状测量

1. 面状要素产状测量

任何地质体内都包含有一些几何学上的平面（或局部为平面），确定这些平面的空间方位，通常用走向、倾向和倾角来表示（图1-4）。

走向：是面状要素与水平面的交线，其方位为一直线，有两个相差180°的方位角。测量方法是将罗盘长边（NS向）与面状要素（岩层层面或其他结构面）重合，圆形水泡居中，此时磁南针或磁北针的读数，即走向方位。

倾向：指倾斜面上与走向垂直的最大倾斜线在水平面上投影线（射线）的方位。测量方法是将罗盘短边（水平度盘N端）与面状要素（岩层层面或其他结构面）重合，圆形水泡居中，此时罗盘磁南针的读数，即倾向方位。

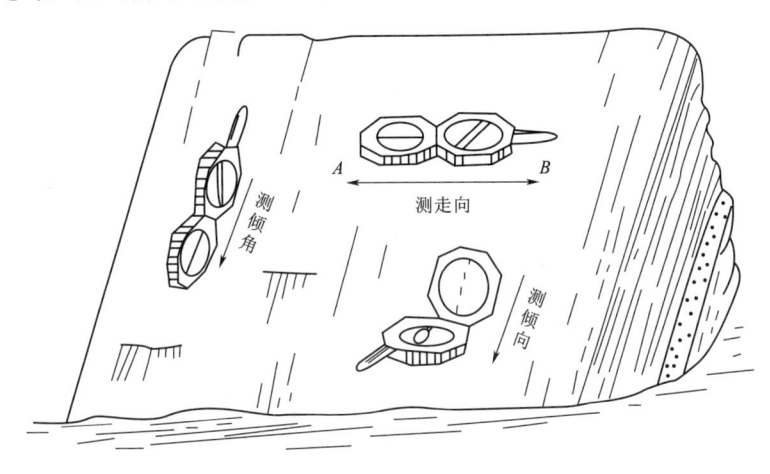

图1-4 罗盘测量层面产状的方式

倾角：指倾斜面上最大倾斜线（与走向垂直）与其在水平面上的投影线所夹的锐角。测量方法是将罗盘侧立，长边与面状要素（岩层层面或其他结构面）重合，并垂直于走向线，圆柱形水泡调至居中，然后观测垂直刻度盘上的读数，即面状要素的倾角。

(1) 方位角表示法，如走向330°，倾向240°，倾角50°，记为SW∠50°，读作倾向南西，倾角50°，其简单记法为240°∠50°，读作倾向240°，倾角50°。

(2) 象限角表示法（此种表示方法主要用于构造线方位），如走向330°，倾向240°，倾角50°，记为N240°W、SW∠50°，读作走向北偏西30°。应指出的是面状要素的两种特殊产状，一种是直立面状要素，倾角为90°，走向是实测走向方位；另一种是水平面状要素，倾角为0°，无走向方位。

2. 线状要素产状测量

在地质体内包含的几何面上，常见到有平行排列的线理构造，如褶皱轴面上的枢纽、断层面上的擦痕、岩浆侵入体内流线、柱状矿物平行排列的片麻理等，这些线状构造的空间定位用倾伏向和倾伏角表示。

倾伏向：指包含线的铅直面与水平面交线（即线状构造在水平面上的投影），向下倾斜一端指向的方位。

倾伏角：指线状构造向下倾斜线与其在水平面上的投影线所夹的锐角。线状要素在空间上无走向方位，所以其表示方法只表示倾伏向、倾伏角；如60°∠40°，读作倾伏向60°或NE60°，倾伏角40°。

在实际工作中有些线状要素产状难以准确测量,但在比较平整的出露面(如断层面)具有清楚的线状构造时,在该平面上的侧伏角比较容易测量。

侧伏角:指在出露面上,线理与该平面走向所夹的锐角。其测量方法是用罗盘在该平面确定一条走向线,然后在该平面上用量角器测量线理与该平面走向线间的夹角。其锐角即为该线理在走向方向上的侧伏角,记为 50°NW,读作向北西侧伏,侧伏角 50°。

第二章 地形图的基本知识及应用

地形图指的是地表起伏形态和地理位置、形状在水平面上的投影图。具体来讲，将地面上的地物和地貌按水平投影的方法（沿铅垂线方向投影到水平面上），并按一定的比例尺缩绘到图纸上，这种图称为地形图。

地形图是根据地形测量资料或航摄资料绘制的，误差和投影变形都极小。地形图是经济建设、国防建设和科学研究中不可缺少的工具；也是编制各种小比例尺普通地图、专题地图和地图集的基础资料。不同比例尺的地形图，具体用途也不同。

平面上，点在地形图上的位置常用经纬度和方里网表示。

第一节 我国常用的大地坐标系简介

由于历史和技术的原因，我国在不同时期曾建立和使用过多种大地坐标系，大地坐标系经历了从参心坐标系到地心坐标系的发展过程，为我国经济建设、国防建设、社会发展及科学研究做出了不可或缺的贡献。

一、1954年北京坐标系（BJS54）

20世纪50年代，为适应经济建设和国防建设的急需，我国建立了第一个全国统一的大地坐标系——1954年北京坐标系。1954年北京坐标系是通过我国东北呼玛、吉拉林、东宁3个基线网与苏联远东大地控制网相连接，将苏联1942年普尔科沃坐标系延伸至我国的一个坐标系。1954年北京坐标系属于参心坐标系，采用的参考椭球为克拉索夫斯基椭球，其椭球参数为：长半轴 $a=6378245\mathrm{m}$，扁率 $f=1/298.3$。

二、1980年西安坐标系（XAS80）

针对1954年北京坐标系存在的问题，我国对全国的天文大地网进行整体平差，建立了新的参心坐标系——1980年西安坐标系，大地原点在陕西省泾阳县永乐镇。该坐标系采用既含几何参数又含物理参数的4个椭球基本参数，数值采用IUGG1975年第16届大会的推荐值：长半轴 $a=6378140\mathrm{m}$，地心引力常数 $GM=3.986005\times10^{14}\mathrm{m}^3/\mathrm{s}^2$，地球重力场二阶带球谐系数 $J_2=1.08263\times10^{-3}$，地球自转角速度 $\omega=7.292115\times10^{-5}\mathrm{rad/s}$。

三、新1954年北京坐标系（NBJS54）

新1954年北京坐标系是在1980年西安坐标系的基础上，将基于IUGG1975年椭球的1980年西安坐标系平差成果整体转换为基于克拉索夫斯基椭球的坐标值，并将1980年西安坐标系坐标原点空间平移建立起来的。

新1954年北京坐标系是综合1980年西安坐标系和1954年北京坐标系而建；采用多点定位，定向明确。与1980年西安坐标系平行，但椭球面与大地水准面在我国境内不是最佳密合；大地原点与1980年西安坐标系相同，但大地起算数据不同；与1954年北京坐标系相比，所采用的椭球参数相同，定位相近，但定向不同；1954年北京坐标系是局部平差，新1954年北京坐标系是1980年西安坐标系整体平差结果的转换值。因此，新1954年北京坐标系与1954年北京坐标系之间并无全国范围内统一的转换参数，只能进行局部转换。

四、WGS84坐标系

美国国家影像制图局NIMA和其前身美国国防部测绘局DMA在初始的世界大地坐标系WGS60和随后的WGS66、WGS72基础上不断改进，建立了WGS84坐标系。通过使用全球定位系统，WGS84参考框架的实现已获得重大进展，WGS84坐标系是通过精确计算全球定位系统跟踪站来实现的。WGS84坐标系现已广泛应用于导航、精确大地测量和地图编制等领域。

WGS84坐标系的参考椭球为一旋转椭球，其几何中心与坐标系原点重合，其旋转轴与坐标系的z轴一致。参考椭球面在几何上代表地球表面的数学形状，在物理上代表一个等位椭球，其椭球面是地球正常重力位的等位面。

WGS84坐标系采用的4个基本椭球常数为：长半轴$a=6378137\mathrm{m}$，扁率$f=1/298.257223563$，地心引力常数$GM=3.986004418\times10^{14}\mathrm{m}^3/\mathrm{s}^2$，地球自转角速度$\omega=7.292115\times10^{-5}\mathrm{rad/s}$。除4个基本常数外，导航和大地测量还需要WGS84椭球的其他许多常数，这些常数可由4个基本常数导出。

五、2000国家大地坐标系（CGCS2000）

2000国家大地坐标系的原点为包括海洋和大气的整个地球质量的中心，定向的初始值由1984.0时国际时间局定向给出，定向的时间演化保证相对于地壳不产生残余的全球旋转，长度单位为引力相对论意义下的局部地球框架中的米，参考历元为2000.0。2000国家大地坐标系的z轴由原点指向历元2000.0的地球参考极的方向。该历元的指向由国际时间局给定的历元为1984.0的初始指向推算。x轴由原点指向格林尼治参考子午线与地球赤道面（历元2000.0）的交点，y轴与z轴、x轴构成右手正交坐标系。

2000国家大地坐标系采用的地球椭球基本常数为：长半轴$a=6378137\mathrm{m}$，扁率$f=1/298.257222101$，地心引力常数$GM=3.986004418\times10^{14}\mathrm{m}^3/\mathrm{s}^2$，地球自转角速度$\omega=7.292115\times10^{-5}\mathrm{rad/s}$。

六、大地原点

大地原点亦称"大地基准点"，是国家平面控制网中推算大地坐标的起算点。通常在国家大地网中选一个比较适中的三角点作为原点，高精度测定它的天文经纬度和到另一个三角点的天文方位角，参考椭球定位的方法，求得该点的大地经纬度、大地高和到另一点的大地方位角。这些数据称为"大地基准数据"。以此数据推算其他三角点、导线点的大地坐标。我国1980年西安坐标系以西安大地原点为起算点，根据该原点推算其他点位在该坐标系下的坐标。

第二节 我国常用的高程基准面简介

高程基准面就是地面点高程的统一起算面，由于大地水准面与整个地球较为接近，通常采用大地水准面作为高程基准面。

长期观测海水面水位升降的工作称为验潮,进行这项工作的场所称为验潮站。

根据各地的验潮结果表明,不同地点平均海水面存在差异,因此,对于一个国家来说,只能根据一个验潮站所求得的平均海水面作为全国高程的统一起算面——高程基准面。

一、1956年黄海高程基准（HHS56）

1956年,我国根据基本验潮站应具备的条件,认为青岛验潮站位置适中,地处我国海岸线的中部,而且青岛验潮站所在港口是有代表性和规律性的半日潮港,又避开了江河入海口,具有外海海面开阔、无密集岛屿和浅滩、海底平坦、水深在10m以上等有利条件。因此,在1957年确定青岛验潮站为我国基本验潮站,验潮井建在地质结构稳定的花岗石基岩上。

1956年9月4日,国务院批准试行《中华人民共和国大地测量法式（草案）》,首次建立国家高程基准,称为"1956年黄海高程系统",简称"黄海基面",系以青岛验潮站1950—1956年验潮资料算得的平均海面为零的高程系统。原点设在青岛市观象山。该原点以"1956年黄海高程系统"计算的高程为准（72.289m）。

二、1985国家高程基准（NHD85）

"1956年黄海高程系统"的高程基准面的确立,对统一全国高程有极其重要的历史意义,在国防和经济建设、科学研究等方面都起了重要的作用。但从潮汐变化周期来看,确立"1956年黄海高程系统"的平均海水面所采用的验潮资料时间较短,还不到潮汐变化的一个周期（一个周期一般为18.61年）,同时又发现验潮资料中含有粗差,因此有必要重新确定新的国家高程基准。

确定1985国家高程基准所依据的黄海平均海平面是利用青岛验潮站1952—1979年的验潮数据,并用中数法的计算值推算出来的。其中高出验潮站工作零点2.4289m,比1956年黄海平均海面高3.89cm。将此高程基准面作为全国高程的统一起算面,称为"1985国家高程基准"。

1987年国家测绘局公布:中国的高程基准面启用"1985国家高程基准"取代国务院1959年批准启用的"黄海平均海水面"。由于新布测的国家一等水准网点是以"1985国家高程基准"起算的,进行各等级水准测量、三角高程测量以及各种工程测量时,应尽可能与新布测的国家一等水准网点连测,即使用国家一等水准测量成果作为传算高程的起算值,如不便连测时,可在"1956年黄海高程系统"的高程值上改正一固定数值,而得到以"1985国家高程基准"为准的高程值。"1985国家高程基准"比"黄海平均海水面"上升29mm,由此可得"1956年黄海高程基准"与"1985国家高程基准"的换算关系为:

"1956年黄海高程基准"="1985国家高程基准"+0.029(m)

"1985国家高程基准"="1956年黄海高程基准"-0.029(m)

三、水准原点

为了长期、牢固地表示出高程基准面的位置,作为传递高程的起算点,必须建立稳固的水准原点，用精密水准测量方法将它与验潮站的水准标尺进行连测，以高程基准面为零，推求水准原点的高程，以此高程作为全国各地推算高程的依据。在"1985国家高程基准"系统中，我国水准原点的高程为72.260m。我国的水准原点网建于青岛附近。

我国在1949年前曾采用过以不同地点的平均海水面作为高程基准面。由于高程基准面不统一致使高程值较为混乱，在使用过去的历史高程资料时，应弄清楚当时采用什么地点的平均海水面作为高程基准面。

第三节 地形图的分幅

1992年12月17日我国发布国家标准《国家基本比例尺地形图分幅和编号》（GB/T 13989—1992），自1993年7月1日起实施，规定新测和更新的基本比例尺地形图，均必须按照此标准进行分幅和编号，包含1∶100万、1∶50万、1∶25万、1∶10万、1∶5万、1∶2.5万、1∶1万和1∶5000共8种比例尺地形图。

2012年6月29日我国发布新的国家标准《国家基本比例尺地形图分幅和编号》（GB/T 13989—2012），自2012年10月1日起实施，与旧标准相比，新标准增加了3种新的基本比例尺地形图：1∶2000、1∶1000和1∶500，至此我国国家基本比例尺地形图共有11种，各比例尺地形图均以1∶100万地形图为基础，按照规定的经差和纬差划分图幅（表2-1）。

表2-1　　1∶100万～1∶500地形图的图幅范围、行列数量和图幅数量关系

比例尺		1∶100万	1∶50万	1∶25万	1∶10万	1∶5万	1∶2.5万	1∶1万	1∶5000	1∶2000	1∶1000	1∶500
图幅范围	经差	6°	3°	1°30′	30′	15′	7′30″	3′45″	1′52.5″	37.5″	18.75″	9.375″
	纬差	4°	2°	1°	20′	10′	5′	2′30″	1′15″	25″	12.5″	6.25″
行列数量关系	行数	1	2	4	12	24	48	96	192	576	1152	2304
	列数	1	2	4	12	24	48	96	192	576	1152	2304
图幅数量关系（图幅数量＝行数×列数）		1	4	16	144	576	2304	9216	36864	331776	1327104	5308416
			1	4	36	144	576	2304	9216	82944	331776	1327104
				1	9	36	144	576	2304	20736	82944	331776
					1	4	16	64	256	2304	9216	36864
						1	4	16	64	576	2304	9216
							1	4	16	144	576	2304
								1	4	36	144	576
									1	9	36	144
										1	4	16
											1	4

第四节 地形图的投影

我国规定我国基本比例尺地形图除 1∶100 万以外均采用高斯-克吕格（Gauss-Kruger）投影为地理基础；1∶100 万地形图采用兰伯特（Lambert）投影，其分幅原则与国际地理学会规定的全球统一使用的国际百万分之一地图投影保持一致。

实际地质工作中多用中、大比例尺地形图，其投影均为高斯-克吕格投影，下面简要介绍该投影。

一、高斯-克吕格投影

高斯-克吕格投影又称为横轴等角切圆柱投影，是一种常用的地图投影。该投影是用一个设想的圆柱筒横置于地球表面，与地球相切于某一经线（称中央经线），圆柱的中心轴位于赤道面内，按等角条件将地球椭球面投影于椭圆柱面上。为了控制投影变形，先按一定的经差（通常为 6°或 3°）将地球表面划分为若干投影带，再使圆柱面依次和每一带的中央经线相切，并把各带中央经线东西两侧一定经差范围内的经纬线网投影到圆柱上，然后从两极将该圆柱面切开展平，构成地球各带经纬线网在平面上的图形（图 2-1）。该投影中央经线和赤道被投影为互相垂直的直线，且为投影的对称轴，投影后无角度变形；中央经线投影后长度保持不变，其余各经线都有不同程度的变形，距中央经线越远，变形越大。各带的投影具有一致性，算出一带的坐标，其他各带均可应用。因此，这种投影具有精度高、变形小、计算方便的特点。

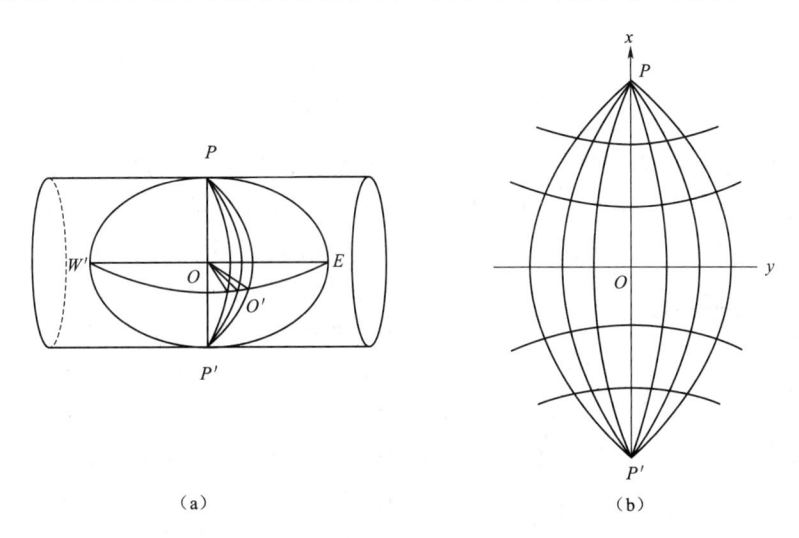

图 2-1 高斯-克吕格投影
(a) 高斯-克吕格投影示意图；(b) 高斯平面直角坐标分带示意图

二、平面直角坐标系

通过地图投影方式，建立椭球面上点的地理位置与其投影到平面上相关位置的对应关系，在平面上用于记录这种空间点平面位置的坐标系就是平面直角坐标系。它建立在确定的控制基准、投影方式与参数等技术参数之上。平面直角坐标可分为实地地面坐标和图面坐标两种，地面坐标不考虑实体缩小的比例尺因子，图面坐标是将地面坐标转换到图纸上面的相对坐标。与数学上的直角坐标系不同的是，它的纵轴为 x 轴，横轴为 y 轴。在投影面上，由投影带中央经线的投影（纵轴）、赤道投影（横轴）以及它们的交点（原点）组成测量中常用的直角坐标系。

三、高斯平面直角坐标系

定义：原点位于中央子午线和赤道的交点，x 轴为中央子午线的投影指向北方，y 轴为赤道投影，构成平面直角坐标系（图 2-2）。

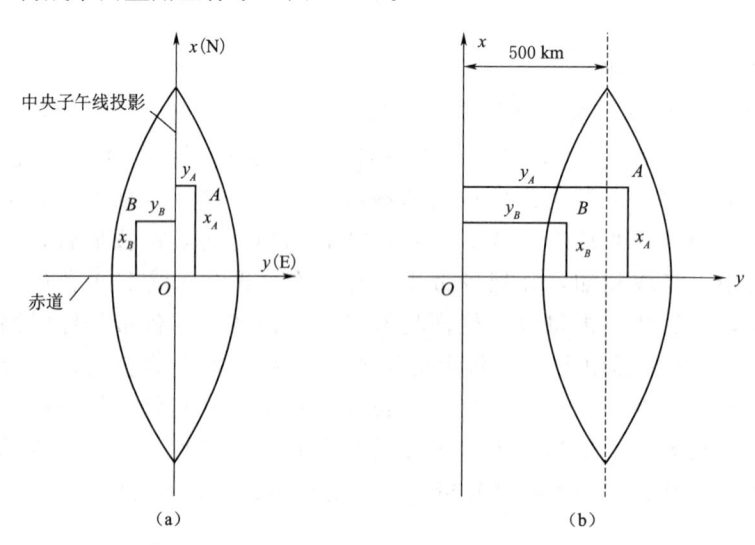

图 2-2 高斯平面直角坐标
(a) 坐标原点西移前；(b) 坐标原点西移后

高斯平面直角坐标系是按分带方法各自进行投影，各带坐标成独立系统（图 2-3）。以中央经线投影为纵轴（x），赤道投影为横轴（y），两轴交点即为各带的坐标原点。纵坐标以赤道为零起算，赤道以北为正，以南为负。我国位于北半球，纵坐标均为正值。横坐标如以中央经线为零起算，中央经线以东为正，以西为负，横坐标出现负值，使用不便，故规定将坐标纵轴西移 500km 当作起始轴，凡是带内的横坐标值均加 500km。由于高斯-克吕格投影每一个投影带的坐标都是对本带坐标原点的相对值，各带的坐标完全相同。为了区别某一坐标系统属于哪一带，在横轴坐标前加上带号，如（4231898m，21655933m），其中 21 即为带号（图 2-4）。

我国规定小于 1:1 万（1:2.5 万～1:50 万）地图投影按 6°分带，1:1 万以及更大比例尺地图投影按 3°分带。

我国不同时期采用不同的坐标参考系（1954 年北京坐标系、1980 年西安坐标系和 2000 国家大地

图 2-3 高斯平面直角坐标的分带

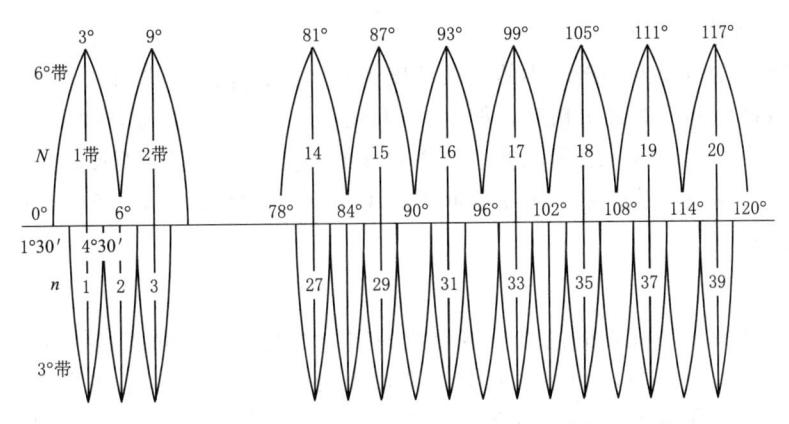

图 2-4　高斯平面直角坐标系 6°带投影与 3°带投影的关系

坐标系），虽然地图投影未改变，但由于大地控制参考基准的变化，空间同一地物点的球面经纬度坐标及平面坐标在不同的坐标参考系中的值不同，因此在实际应用地形图资料时要特别注意这种差异，必要时须进行坐标系转换。

第五节　地形图要素与阅读

目前，一般小于 1∶5 万比例尺的地形图都是经航片解译制出的，而大于 1∶2.5 万比例尺的地形图多是用测量仪器实地测量，然后绘制出来的。

地形图的用途十分广泛，是地质工作者了解地形、地物、交通、自然地理及经济状况的基本图件，也是用来选路线、布置工作、地质填图的基本图件。地形图中一般包括以下内容。

一、比例尺

1. 比例尺的概念

图面上的长度与它所代表的地面上实际长度之比，称为地形图的比例尺，比例尺的大小与实际长度缩小到平面图上的倍数有关，缩小的倍数越大，比例尺越小。通常有下列三种比例尺的地形图。

（1）大比例尺地形图，主要用于地质勘探、矿山开采、矿山设计及基本建设施工，如 1∶1000、1∶2000 及 1∶5000 地形图。

（2）中比例尺地形图，主要用于普查找矿、地质填图详查、水文地质和工程地质勘察。如 1∶1 万、1∶2.5 万及 1∶5 万地形图。

（3）小比例尺地形图，主要用于地质测量、铁路、公路选线，如 1∶10 万、1∶50 万及 1∶100 万地形图。

2. 比例尺在地形图上的表示方法

一种是用数字表示比例关系，称为数字比例尺，如 1∶5000、1∶2000 等；另一种是用线段表示图上距离，线段上端标有表示实际距离的数字，称为线条比例尺；以上两种比例尺表示形式使用较为普遍。

3. 比例尺的最大精度

人们用肉眼在图面上分辨最小的线段长度为0.1mm，因此，图上0.1mm所代表的实际距离称为该种比例尺的最大精度，如1∶1万比例尺的最大精度是1m。

不同比例尺的地形图，表示地形、地物的详细程度也不同。比例尺越大、越详细、精度越高；比例尺越小、越简略、精度越低；故不同比例尺地形图精度不同，用途不同。

二、等高线

1. 等高线的概念

等高线是地面上高程相同的点连接而成的闭合曲线。即不同高程的水平面与地面相交的曲线，并将其垂直投影到水平面上。等高线的弯曲变化随着地表自然形状而变化，地形图中相邻两根等高线的高程差数，称为等高距，在同一比例尺的地形图上，等高距为一固定数。相邻两根等高线在水平面上的距离，称为等高线水平距。同一张地形图上等高距是固定的，所以等高线水平距的大小直接反映地面坡度的陡缓，地形坡度越陡，等高线水平距越小，密度越大；反之，地形坡度越缓，等高线水平距越大，密度越小。

2. 典型地貌等高线的表示形式

地表形状千变万化，等高线的形式也是多种多样的，现将典型地貌等高线的表示形式简述如下。

（1）山头与盆地的等高线用几条封闭的曲线表示，内圈等高线高程数字大者为山头，反之，为盆地。

（2）山脊与山谷的等高线用向下方凸（山脊）或向上方凸（山谷）的曲线表示。

（3）山头间鞍部的等高线由一对山脊等高线和一对山谷等高线组合而成，凸凹相互对称，两头高、中间低，似马鞍状。

3. 等高线的种类

等高线按其作用不同分为以下几种。

（1）首曲线，用以反映地貌的基本形态特征，按等高线绘细实线。

（2）计曲线，为便于阅读高程，每隔5条首曲线绘1条粗实线，并标出高程。

（3）间曲线，用以表示局部地貌形态特征，以1/2等高距局部绘出的长虚线。

（4）辅助等高线，用以表示间曲线仍然不能显示的微地貌形态特征，以1/4等高距或任意等高距局部绘出的短虚线。

三、地物符号

居民点、三角点、森林、沙漠、耕地以及江河湖海等地物是用特殊规定的符号，按比例尺绘在地形图上的。因此读图时应先了解图例上规定的符号，符号有比例符号、半比例符号、非比例符号之分。

四、判读地形图的步骤

（1）图名：一幅地形图常以幅内最重要的地名来命名。用以了解该幅地形图所在的大致位置，如1∶50000地图"山海关幅"。

（2）方位：在同一幅国际分幅地形图内，同时有3种北方位，左右图廓纵线表示真北方位；坐标纵线表示坐标北方位；上、下图廓横线表示磁北方位。然后是上北、下南、左西、右东。

（3）坐标数值（方里网）：直角坐标系横线（y 值），数值前两位表示该幅图国际分幅的带号，后六位数值表示该点在本带的横坐标值，以 m 为单位。横坐标值的零点设在距中央子午线以西 500km 处。直角坐标系纵线（x 值），表示该点距赤道的实际距离，以 m 为单位，如 $y = 20715312m$（在中央子午线以东 715312m 处），$x = 4450.000m$。

（4）比例尺：可以判读图幅包括的面积或某一工作区的面积，以及地形图的精度及等高距。

（5）结合等高线、等高距、水平距判读图幅内的山地、丘陵、山脊、洼地、陡坡和悬崖等地形单元。

（6）结合地物符号了解河流、湖泊、居民点、耕地、森林、沙漠等分布位置，以及铁路、公路、山间小道、植被等自然地理及经济地理概况。

（7）测图日期，地形图测制的时间越久，与实际地形情况相差就越大，虽然随着时间推移，不断尽力修测地形图，但地形图与实际不符合的矛盾是经常存在的，因此使用地形图时还应结合实地勘察、调查工作。

第六节 地形图的使用

一、判读地形地貌

在地质踏勘和地质填图中利用地形图布置工作路线及判读位置。

二、地质定点

在野外地质工作中，经常要将地质观察点绘在地形图上，如将地质界线、断层界线的观察点确定在地形图上。定点通常用以下几种方法。

1. 目估法

根据地物、地形特征确定，在有明显地物、地形特征的地方，可对照地物、等高线的特征确定地质观察点的位置。

2. 后方交会法

（1）先准确地将地形图定好方向并固定，即将地质罗盘长边与坐标纵线重合，圆形水泡居中，罗盘北针指向水平刻度盘的 360°，然后固定。

（2）从地形图上和实地分别找出远方三个明显地形高程点或地物点。

（3）分别用地质罗盘（已修正磁偏角）测出三个目标至观测者的方位角，并进行记录。

（4）将三个已知观测点至观测者的方位绘到图上，如果三条射线在图上交会于一点，即为观测者所在的位置（其中第三条射线用于检查交会点是否准确）。交会点的高程在地形图等高线上查出，以上交会方法要求两个交会角均大于 30°，否则影响交会点的精度。

3. GPS 仪器定位

一般地质调查中可以应用 GPS 仪器定位，视工程精度要求选择不同精度的 GPS。利用 GPS 静态定位可以使用经纬度数据直接在电子地图中定点，也可以根据 GPS 方里网数据人工在地形图上定点。

4. 全仪器测量

利用测量仪器现场确定位置。

第三章 地质图的基本知识及应用

第一节 地质图的概念及图式规格

如图3-1所示，一幅正规的地质图通常由地质平面图（地质图）、地质剖面图、综合地层柱状图及其他相关部分组成。

一、地质图的概念

地质图是用规定的符号、色谱和花纹将地壳某部分的地质现象（如地层、岩体、地质构造、矿床等的时代、产状、分布和相互关系等）按一定比例概括投影到平面图（地形图）上的一种图件。

二、地质图的分类

地质图分普通地质图和专门地质图，普通地质图是反映一个地区的地层、岩石和地质构造的基础图件；专门地质图是在普通地质图的基础上按工作性质和任务要求测绘的不同门类的地质图，如构造纲要图、岩相古地理图、矿产图、矿区地质图、水文地质图、工程地质图和第四纪地质图等。

三、地质图的要素

地质图应该有图名、比例尺、图例和责任表（包括编图单位或人员、编图日期及资料来源等）。

1. 图名

图名表示图幅所在地区和图的类型。一般用图区内主要城镇、居民点或主要山岭、河流等命名。如果比例尺较大、图幅面积小，地名不为众人所知或同名，则在地名上要写上所属的省（自治区、直辖市）、市或县名，如《××省××市×××地质图》。图名用端正美观的字体书写于图幅上端正中或图内适当位置。

2. 比例尺

比例尺又称缩尺，按地质图件精度要求不同来规定比例尺的大小。一般可分为小比例尺地质图（1：50万～1：100万或更小）、中比例尺地质图（1：5万～1：25万）、大比例尺地质图（大于1：2.5万）。小比例尺地质图没有地形等高线，只能概括地表示较大范围内的区域地质特征，适用于区域大地构造的综合分析和研究。中比例尺地质图有较简明的地形等高线与重要的地形地物控制点等标志，所表示的地质现象也较全面详尽，这种图件常作为开展各项地质工作的重要基础图件，适用于对区域构造及其与成矿规律关系的分析和研究。大比例尺地质图着重反映小范围内的专门地质现象和多种构造细节，可用来分析矿区构造、布置勘探工程及进行各项专题性质的研究。地质图的比例尺与地形图或地图的比例尺一样。

第三章 地质图的基本知识及应用

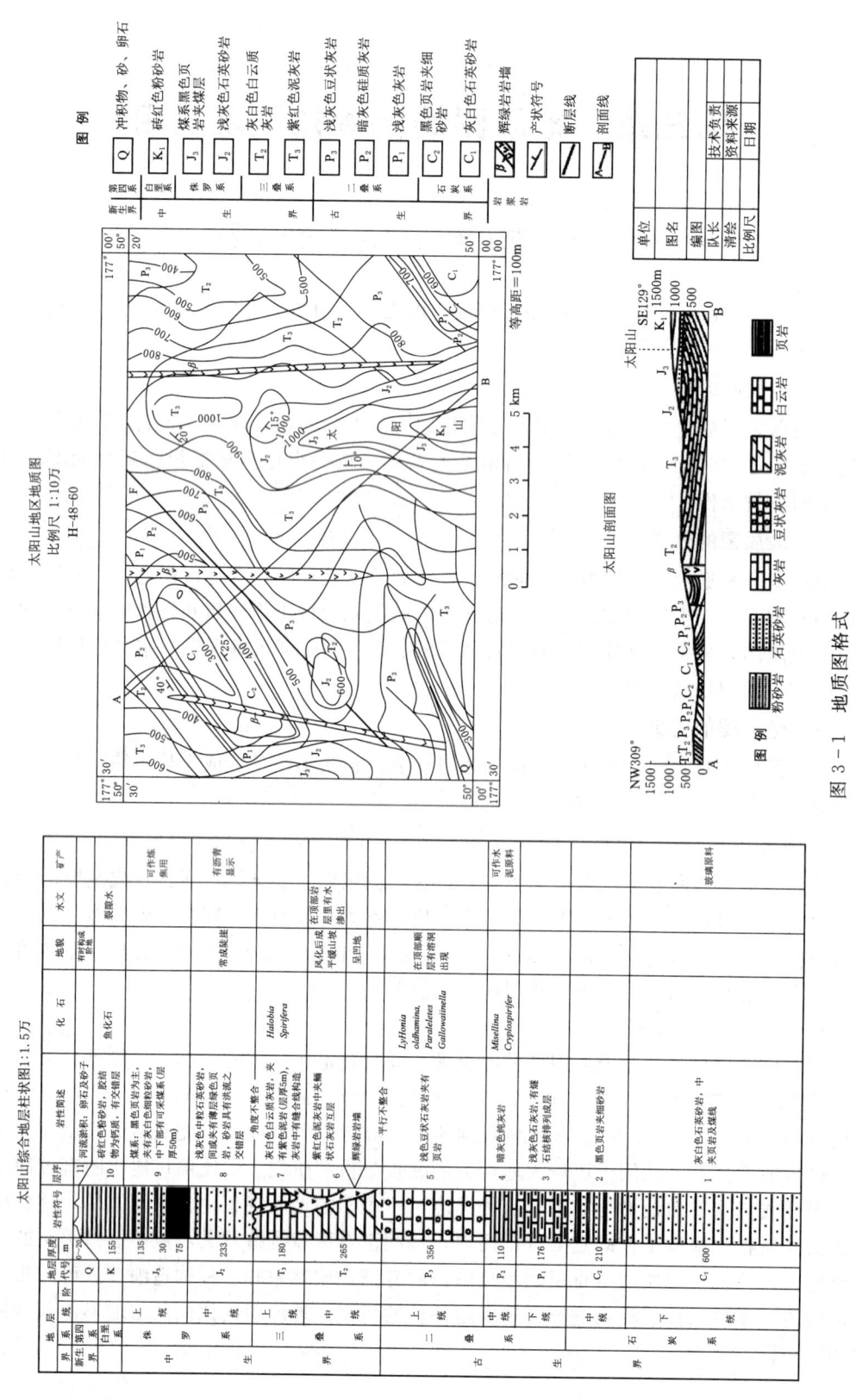

图3-1 地质图格式

比例尺有两种表示方法。

(1) 线段比例尺：用线段刻度表示图中线段代表的实际长度。

(2) 数字比例尺：用数字表示缩小的程度，如1：1万、1：20万。

两种比例尺中以线段比例尺最为重要，故常见于各种地质图上。比例尺一般注于图框外上方图名之下或下方正中位置。

3. 图例

图例是一张地质图不可缺少的部分。不同类型的地质图各有其表示地质内容的图例。普通地质图的图例是用各种规定的颜色和符号来表明地层、岩体的时代和性质。图例通常放在图框外的右边或下边，也可放在图框内足够安排图例的空白处。图例要按一定顺序排列，一般按地层、岩石和构造的顺序排列，并在它们前面写上"图例"二字。

地层图例的安排是从上到下由新到老，如果放在图的下方，一般是由左向右从新到老排列。图例都画成大小适当的长方形格子，排成整齐的行列。方格内标的颜色和符号与地质图上同层位的颜色和符号相同，并在方格外适当位置注明地层时代和主要岩性。已确定时代的喷出岩、变质岩要按其时代排列在地层图例相应位置上。岩浆岩体图例放在地层图例之后，已确定时代的岩体可按新老排列，时代未定的岩体按酸性到基性顺序排列。

构造符号的图例放在地层、岩石图例之后，一般排列顺序是：地质界线、褶皱轴迹（构造图中才有）、断层、节理以及层理、劈理、片理、流线、流面和线理产状要素。另外，图例与图内一样，对实测的和推断的地层界线、断层线应有所区别。

地质图上表示各种要素的颜色也是一定的：地质界线用黑色，断层线用红色，河流用浅蓝色，地形等高线用棕色，城镇和交通网用黑色。

所有图内表示出的地层、岩石、构造及其他地质现象都应无遗漏地有图例，图内没有的就不能列上图例。地形图的图例一般不标注在地质图上。

4. 责任表

图框外左上侧注明编图单位；右上侧写明编图日期；下方左侧注明编图单位、技术负责人及编图人；右侧注上引用的资料（如图件）单位、编制者及编制日期。也可将上述内容列绘成"责任表"放在图框外右下方。

在小比例尺图上要画上经纬度以表明其地理位置。如果地质图是地形图国际地图分幅中的一幅，则应与该地形图一样用其图名和分幅图号。

四、地质剖面图

正规地质图常附有一幅或几幅切过图区主要构造的剖面图。剖面图也有一定的规定格式。

单独绘制剖面图时，需要标明剖面图图名，通常是以剖面所在地区地名及所经过的主要地名（如山峰、河流、城镇和居民点）作为图名。如×××（指图幅所在地区）×××山—×××山地质剖面图。如为图切剖面并附在地质图下面，则只以剖面标号表示，如Ⅰ—Ⅰ′地质剖面图或A—A′地质剖面图。

剖面在地质图上的位置用一细线标出，两端注上剖面代号，如Ⅰ—Ⅰ′、Ⅱ—Ⅱ′，或A—A′等。在相应剖面图的两端也相应注上同一代号。

剖面图的比例尺应与地质图的比例尺一致，如剖面图附在地质图的下方，可不再注明水平比例尺，但垂直比例尺应绘制在剖面两端竖立的直线上，垂直比例尺下边可以选比本区最低点更低的某一标高（可选至0m以下）的一条水平线作基线，然后以基线为起点在竖直线上注明各高程数。如剖面图垂直比例尺放大，则应注明水平比例尺和垂直比例尺。

剖面图两端的同一高度上必须注明剖面方向（用方位角表示）。剖面所经过的山岭、河流、城镇等地名应标注在剖面的相应位置。为醒目美观，最好把方向、地名排在同一水平位置上。

剖面图的放置一般是将平面图切方位的正南端、南东端、东端和北东端放在剖面图的右边；正北端、北西端、西端和南西端放在剖面图的左边。

剖面图与地质图所用的地层符号、色谱应一致。如剖面图与地质图在一幅图上，地层图例可以省去。

地下的地层分布、构造形态应该根据该处地层厚度、层序、构造特征适当推断绘出，但不宜推断过深。

五、综合地层柱状图

综合地层柱状图也称为多重地层划分综合柱状图，正式的地质图或地质报告中常附有工作区的综合地层柱状图。该柱状图可以附在地质图的左边，也可以绘成单独一幅图。比例尺可根据反映地层详细程度的要求和地层总厚度而定。图名书写于柱状图的上方，一般标为"××地区综合地层柱状图"。

综合地层柱状图是按工作区所有出露地层的新老叠置关系恢复成水平状态切出的一个具代表性的柱子。在柱子中表示出各地层的年代地层单位及代号、岩石地层单位及代号、各地层的岩性花纹、厚度、岩性描述及化石和沉积环境等内容。岩性花纹柱中地层代号及色谱应与平面图一致，其岩性花纹符号按规定表示，应标明地层之间的接触关系，一般只绘地层（包括喷出岩），不绘侵入体。也可将侵入岩体按其时代与围岩接触关系绘在柱状图里。用岩石花纹表示的地层岩性柱子的宽度，可根据所绘柱状图的长度而定，使之宽窄适度，美观大方，一般以2~4cm为宜。

地层柱状图格式可参考图3-1，图内各栏可根据工作区地质情况和工作任务而调整。

第二节 阅读地质图

阅读地质图首先要看图名、比例尺和图例。从图名和图幅代号、经纬度，了解图幅的地理位置和图的类型；从比例尺可以了解图上线段长度和面积大小以及地质体大小与详略程度；图幅编绘出版年月和资料来源，便于查明工作区研究史。

熟悉图例是读图的基础。首先要熟悉图幅所使用的各种地质符号，从图例可以了解图区出露的地层及其时代、顺序，地层间有无间断，以及岩石类型、时代等。读图例时，最好与图幅地区的综合地层柱状图结合起来一起读，了解地层时代顺序和它们之间的接触关系（整合或不整合）。

在阅读地质内容之前应首先分析图区的地形特征。在比例尺较大（如大于1∶5万）的地形地质图上，通过等高线形态和水系可了解地形特点。在中小比例尺（1∶10万~1∶50万）的地质图上，一般无等高线，可根据水系分布、山峰标高的分布变化，认识地形的特点。

一幅地质图反映了该地区各方面地质情况。读图时首先要对地层进行分析，如地层的出露、分布范围、面积、地层中岩石类型、地层的延伸、产状、层序及地层之间的接触关系。地质构造方面，主要是分析褶皱的形态特征、空间分布、组合和形成时代；断裂构造的类型、规模、空间组合、分布和形成时代及其先后顺序；岩浆岩体产状和原生、次生构造以及变质岩区所表现的构造特征等。读图分析时，可以边阅读，边记录，边绘制示意剖面图或构造纲要图。

第三节 地质剖面图的绘制

绘制地质剖面图时，通常应遵循如下顺序。

一、确定剖面方位

剖面图主要反映图区内地下构造形态及地层岩性分布。绘制剖面图前，要选定剖面线的方向。剖面线应放在对地质构造有控制性的地区，其方向应尽量垂直岩层走向和构造线，这样才能表现出图区内的主要构造形态。选定剖面线后，应标在平面图上。

二、确定比例尺

剖面图的水平比例尺一般与地质平面图一致，以便于作图。剖面图的垂直比例尺可以与平面图相同，也可以不同。当平面图的比例尺较小时，剖面图的垂直比例尺常大于平面图的比例尺。

三、勾绘地形轮廓线

先按确定的比例尺做好水平坐标和垂直坐标，再将剖面线与地形等高线的交点按水平比例尺铅直投影到水平坐标轴上，然后根据各交点高程按垂直比例尺将各投影点定位到剖面图的相应高程位置上，最后圆滑连接各高程点，形成地形轮廓线。

四、将各项地质内容按要求划分单元及产状上图

（1）先将剖面线与各地层界线和断层线的交点按水平比例尺垂直投影到水平轴上，再将各界线投影点铅直定位在地形剖面图的剖面线上。如有覆盖层，下伏基岩的地层界线也应按比例标在地形剖面图中的相应位置上。

（2）按平面图所示产状换算各地层界线和断层线在剖面图上的视倾角。

（3）绘制地层界线和断层线。根据视倾角的角度，并综合考虑地质构造形态，延伸地形剖面线上的各地层界线和断层线，并在下方标明其原始产状和视倾角。一般先画断层线，后画地层界线。

（4）用通用的花纹和代号表示各项地质内容。在各地层分界线内，按各套地层出露的岩性及厚度，根据统一规定的岩性花纹符号，画出各地层的岩性图案。

（5）标图名、图例、比例尺、剖面方位、剖面上的地物名称、责任表等。在剖面图上用虚线延伸断层线，并在延伸线上用箭头标出上、下盘的运动方向。遇到褶曲时，用虚线按褶曲形态将各地层界线弯曲连接起来，以恢复褶曲形态。在做出的地质剖面图上还要写上图名、比例尺、剖面方向，绘出图例和图签，即完成一幅完整的地质剖面图。在工程地质剖面图上还需画出岩石风化界线、地下水位线、节理产状、钻孔等内容。

具体可参照图 3-1 地质图格式中的剖面图样式。

第四节　综合地层柱状图的绘制

综合地层柱状图是根据地质勘察资料（主要是根据地质平面图和钻孔柱状图资料）把地区出露的所有地层、岩性、厚度、接触关系，按地层时代由新到老的顺序综合编制而成的。一般有地层时代及符号、岩性花纹、地层接触类型、地层厚度、岩性描述等，见图 3-1 地质图格式中的综合地层柱状图样式。

作为地质平面图的补充和说明，综合地层柱状图和地质剖面图通常编绘在一起，构成一幅完整的地质图。

第四章 岩石的野外观察与描述

野外岩石露头的观测、描述和初步定名是地质工作者最基础的野外技能之一。在野外对岩石观测描述时，需要敲开岩石观察新鲜面。具体观察和描述可按以下步骤进行。

（1）观察岩石的总体外貌特征、岩石构造、接触关系、产状特征，对其进行三大岩归类。
（2）利用放大镜、小刀和化学试剂确定出岩石的矿物组成成分。
（3）观察岩石的结构构造特征。
（4）根据以上观察内容对岩石进行分类定名。

第一节 主要造岩矿物

岩石是由矿物构成的集合体，通常一种岩石由 1~3 种主要矿物及若干种次要矿物组成。认识及鉴定岩石组成矿物成分是对岩石进行分类命名的基础。常见造岩矿物特征见以下描述。

一、石英

1. 形态

单体形态呈锥柱状，柱面上有横纹；集合体形态分为显晶质和隐晶质两类，显晶质呈柱状、晶簇状、粒状，隐晶质呈钟乳状、结核状、晶腺状，如燧石、玉髓（玛瑙）。

2. 物理性质

无色、乳白色或浅灰色，晶面呈玻璃光泽，断口呈油脂光泽；硬度 7，无解理，常具贝壳状断口，比重 2.65。

无色透明的晶体称为水晶，乳白色的晶体叫乳石英，其他可根据颜色分别称为紫水晶、烟水晶、黄水晶等。燧石呈隐晶质，黑色或灰黄色，以结核状、透镜状或层状夹于海相石灰岩中。

3. 成因产状

石英在自然界分布极广，形成于各种地质作用中，是酸性岩浆岩和某些变质岩的主要造岩矿物。在花岗岩中，石英主要与酸性斜长石和正长石共生；在伟晶岩中，石英主要与微斜长石共生。

玛瑙和石髓形成于低温热液过程或外生沉积作用。

因石英的化学性质稳定，在风化、搬运过程中常能成为碎屑矿物保存在沉积物中并构成砂岩类的主要造岩成分。

4. 鉴定特征

α-石英以其晶形、无解理、贝壳状断口、硬度大为其主要特征，可与黄玉、白色长石、方解石等区别。

二、正长石

1. 形态

晶体常呈短柱状或厚板状，集合体呈粒状。正长石常呈双晶。其中最常见，且肉眼特征最明显的为卡尔斯巴双晶。

2. 物理性质

一般为肉红色、白色，透明，玻璃光泽；硬度6，两组完全解理，解理相交呈90°，比重2.57。

3. 成因产状

正长石主要产于酸性和碱性岩浆岩中，与酸性斜长石、石英、黑云母、角闪石或霞石等共生。

区域变质作用形成的片麻岩等也常以正长石为主要矿物。风化作用中，正长石可以作为碎屑矿物进入沉积物中形成长石砂岩。

4. 鉴定特征

根据常见的肉红色、解理、硬度，结合产状可以识别，与斜长石鉴定特征对比见表4-1。

表4-1　　　　　　　　　　正长石和斜长石肉眼鉴定对比表

特征	正 长 石	斜 长 石
颜色	肉红色、浅粉色、浅黄色、白色，火山岩中有时无色透明	灰白色、灰色、白色
形状	厚板状，断面近方形，常为半自形至它形，斑晶为自形	薄板状，断面近长条状，常为半自形至自形
解理	解理两组中等～完全，解理夹角90°	解理两组中等～完全，解理夹角86°
双晶	常可见卡式双晶，即解理面在光的照射下可见一明一暗两个单体	常见聚片双晶，即在解理上是一组明亮一组暗的数个单体
次生变化	变为高岭土，在晶面上呈土状	变为绿帘石、绢云母等，晶面上呈浅绿色、暗灰色
产状	一般分布在花岗岩、正长岩以及霞石正长岩类中	一般分布在辉长岩、闪长岩和花岗岩类中

三、斜长石

斜长石成分上为钙长石（An）和钠长石（Ab）连续类质同像系列。根据斜长石在不同类型岩浆岩中的分布和矿物共生组合关系，斜长石可分为酸性、中性和基性三类：①酸性斜长石An含量0～30%，包括钠长石和奥长石（更长石）；②中性斜长石An含量30%～70%，包括中长石和拉长石；③基性斜长石An含量70%～100%，包括培长石和钙长石。

1. 形态

晶体常呈板状，集合体呈粒状。斜长石中常见双晶除卡尔斯巴双晶外，还有聚片双晶，这些双晶经常共同存在，组成卡-钠复合双晶。斜长石中的卡尔斯巴双晶和钠长石聚片双晶均肉眼可见，钠长石聚片双晶形成的平行细纹是斜长石的重要肉眼鉴定特征。

2. 物理性质

一般为白色、灰白色，常因蚀变而呈淡灰绿色，有时也呈粉红色，透明，玻璃光泽；硬度6～6.5，解理完全～中等，两组解理不正交，夹角为86°24′～85°50′，故名斜长石。比重2.61（钠长石）～2.76（钙长石）。

3. 成因产状

斜长石是自然界分布最广的矿物之一。在基性、中性、酸性岩浆岩中都是主要矿物组分。岩浆岩的基性、中性、酸性与斜长石的基性、中性、酸性是吻合的，即：酸性斜长石产于酸性岩浆岩中，与正长石和石英共生；中性斜长石产于中性岩浆岩中，与普通角闪石共生；基性斜长石产于基性岩中，与普通辉石共生。

在区域变质作用中形成的片麻岩、片岩等岩石中，斜长石也很常见。

酸性斜长石作为碎屑矿物，经常出现在砂岩中。

斜长石受热液蚀变后，很容易变成绿帘石、绢云母和方解石等。在风化作用中亦容易变为蒙脱石、高岭石等黏土矿。

4. 鉴定特征

与正长石的区别主要为颜色、产状，如能见到钠长石双晶纹，可完全确定是斜长石，各牌号斜长石用肉眼无法区别。两者主要区别见表4-1。

四、白云母

1. 形态

晶体呈假六方板状，短柱状；集合体呈片状、鳞片状；呈极细小鳞片状集合体并具丝绢光泽者，称为绢云母。

2. 物理性质

常呈无色透明，因含少量杂质而呈淡灰、浅绿色，玻璃光泽，解理面呈珍珠光泽；硬度2.5，一组解理极完全，薄片具弹性。比重2.76～3.00。

3. 成因产状

白云母是分布广泛的造岩矿物。在岩浆岩中，它的分布不如黑云母广泛，但在伟晶岩和气成-热液作用中常形成大量白云母，它往往是交代长石形成的。白云母总是和石英共生，气成-热液作用形成的白云母和石英共生体称为云英岩。热液蚀变还可以把长石以及泥质岩石（如页岩）大规模地改造为绢云母，称为绢云母化作用。

区域变质作用可以把由各种黏土矿物构成的页岩改造为以绢云母或白云母为主的千枚岩、云母片岩等。

白云母抵抗风化的能力较强，在风化、搬运过程中常能成为碎屑矿物保存在沉积物中。

4. 鉴定特征

颜色、极完全解理、弹性等均可作为鉴定依据。白云母薄片具弹性，易与其他浅色片状矿物区别。

五、黑云母

1. 形态

晶体主要为短柱状或板状，横切面为六边形，集合体为鳞片状。

2. 物理性质

颜色为黑色、深褐色，有时带浅红、浅绿或其他色调。透明，解理面珍珠光泽；硬度2.5，一组极完全解理，薄片具弹性。比重3.02~3.12。

3. 成因产状

黑云母在云母族中分布最广，不仅广泛分布在岩浆岩中，而且在结晶片岩和片麻岩中也有大量分布。

4. 鉴定特征

通过颜色可以与其他云母相区别，通过其薄片的弹性可以和蛭石相区别。

六、普通角闪石

1. 形态

晶体呈较长的柱状，断面呈假六方形或菱形。

2. 物理性质

绿黑至黑色，条痕白色略带绿色，透明，玻璃光泽；硬度5.5~6，两组柱面解理完全，两组解理交角56°。比重3.1~3.3。

3. 成因产状

普通角闪石的形成与结晶岩有密切关系，它是各种中酸性岩浆岩的重要造岩矿物；在中性的闪长岩中与中性斜长石共生；在基性的辉长岩中可有少量普通角闪石。

普通角闪石也是变质岩中角闪岩、角闪片岩、斜长角闪岩及角闪片麻岩等岩石的矿物组成成分。

4. 鉴定特征

长柱状晶形、颜色、解理等作为特征。与普通辉石区别见表4-2。

表4-2　　　　　　普通辉石和普通角闪石肉眼鉴定对比表

特征	普通辉石	普通角闪石
颜色	黑色、棕色、暗绿色	黑色至绿色
晶形	短柱状、粒状，其断面为八边形或近方形	长柱状，其断面为六边形或菱形
解理交角	两组柱面中等解理，相交近直角（87°或93°），断口往往呈阶梯状	两组柱面解理完全，交角为124°和56°，呈菱形
光泽	玻璃光泽至半金属光泽	玻璃光泽至丝绢光泽
共生矿物	常与基性斜长石和橄榄石共生	常与中性斜长石和黑云母共生
产状	产于超基性、基性岩及部分中性岩中	中性及中酸性岩中

七、普通辉石

1. 形态

晶体常呈短柱状，横断面为近等边的八边形，集合体呈致密粒状。

2. 物理性质

黑色，或带绿及带褐的黑色，少数为暗绿色和褐色，玻璃光泽；硬度5～6，平行柱体两组中等解理，两组解理夹角（87°或93°）。比重3.23～3.52。

3. 成因产状

最主要的造岩矿物之一。普通辉石的形成与岩浆岩有密切关系，当它为某岩石的主要组成矿物时，标志该岩石为基性或超基性岩浆岩，故其为辉石岩和辉长岩、辉绿岩等的主要造岩矿物，主要与基性斜长石共生。普通辉石可被角闪石交代形成黑绿色针状角闪石。受热液蚀变可分解为绿泥石、绿帘石、方解石等矿物。

4. 鉴定特征

可根据黑色、短柱或粒状、条痕灰白色、有中等解理或裂开等特征将其与磁铁矿等其他黑色矿物区分。其解理不如角闪石好，但有时可发育裂开，在大多数情况下裂开面上呈褐黑色，而不像角闪石呈绿黑色。在岩浆岩中的辉石柱很短，呈粒状，但角闪石常呈明显的柱状。角闪石与其他深色辉石由肉眼无法确切辨认。

八、方解石

1. 形态

菱面体，复三方偏三角面体。集合体呈粒状、致密块状、钟乳状、结核状、鲕状、豆状、土状等。

2. 物理性质

白色或无色，玻璃光泽，透明至半透明，因含有其他致色元素呈现出淡红、淡黄、淡茶、玫红、紫等多种颜色，条痕白色；硬度2.704～3.0，比重2.6～2.8，遇稀盐酸剧烈起泡。

3. 成因产状

方解石在自然界分布极广。在浅海或湖泊中常常沉积形成石灰岩层。地下水可溶蚀石灰岩，使其重新形成方解石，如石钟乳、石笋、石灰华等。在土壤中活动的地下水在潜水面附近，常形成沿一定水平面分布的方解石结核（钙质结核）。此外，方解石还作为碎屑沉积岩的胶结物。

在热液活动中常形成含矿或不含矿的方解石脉。在晶洞中，常有良好晶体。由于地下水活动，各种岩石的裂隙中也经常充填有方解石脉。在区域变质或接触变质作用时，石灰岩重结晶变质为大理岩。

4. 鉴定特征

菱面体完全解理，硬度3，与稀盐酸相遇剧烈起泡。

九、白云石

1. 形态

单晶体常呈菱面体，有时呈柱状或板状，晶面常弯曲成马鞍形。集合体为粒状、致密块状。

2. 物理性质

无色或白色，玻璃光泽，透明；硬度3.5～4，菱面体解理完全，解理面常弯曲。比重2.86。矿物粉末在冷稀盐酸中反应缓慢。

3. 成因产状

主要由方解石交代形成,是白云岩的组成矿物。

4. 鉴定特征

可以通过白云石马鞍形的晶体外形,遇冷稀盐酸反应微弱的特征将其与方解石相区分,野外露头白云岩常在表面形成"刀砍纹"。

十、石榴子石

1. 形态

单体晶体形态特征明显,多呈菱形十二面体、四角三八面体或两者的聚形,集合体呈粒状。

2. 物理性质

颜色变化大(深红、红褐、棕绿、黑等),透明~半透明,玻璃光泽,断口为油脂光泽;无解理,断口参差状,硬度6.5~7.5,比重3.32~4.19。化学性质稳定,不易风化。

3. 成因产状

石榴子石在自然界分布广泛。不同石榴子石的产出条件不同:镁铝榴石主要产于基性岩、超基性岩中;铁铝榴石是典型的变质矿物,常见于各种片岩和片麻岩中;钙铁榴石和钙铝榴石是矽卡岩的主要矿物;钙铬榴石产于超基性岩中,是寻找铬铁矿的指示矿物。

4. 鉴定特征

具有良好的晶形,无解理,断口上油脂光泽以及高硬度等特征,可以和其他矿物相区分。

十一、绿帘石

1. 形态

晶体为柱状,集合体一般为粒状、柱状、放射状。

2. 物理性质

灰色、黄色、黄绿色、绿褐色,或近于黑色,颜色随铁含量增加而变深,少量锰的类质同像替代使颜色显不同程度的粉红色;透明至半透明玻璃光泽;硬度6~6.5,一组解理完全、一组解理中等,比重3.38~3.49。

3. 成因产状

绿帘石可以是变质成因的,多见于绿片岩中。在接触交代成因的矽卡岩中,绿帘石往往由早期矽卡岩矿物(如石榴子石、符山石等)转变而成,也可以是围岩蚀变的产物。

4. 鉴定特征

细粒集合体以其特殊的黄绿色为主要特征。依据解理、晶体形态特征可与其他矿物区分。

十二、绿泥石

1. 形态

晶体呈假六方片状或板状,薄片具挠性,集合体呈鳞片状、土状。

2. 物理性质

常见颜色暗绿色、绿黑色、暗灰色(鲕绿泥石),玻璃光泽,解理面可呈珍珠光泽,鲕绿泥石无光泽；一组极完全解理，硬度 2~3，薄片具有挠性。比重 2.6~3.3。

3. 成因产状

一般广泛分布于变质岩中。绿泥石主要由含铁质的泥质岩石经热液蚀变或区域变质作用形成。在岩浆岩中，绿泥石多是辉石、角闪石、黑云母等蚀变的产物。鲕绿泥石主要产于富铁的沉积岩中。

十三、褐铁矿

褐铁矿不是一种单独的矿物，而是铁的氢氧化物集合体，主要包括纤铁矿和针铁矿，也可含有黏土等细分散机械混合物。

黄褐色或深褐色，条痕黄褐色，常呈块状、土状、钟乳状或葡萄状，光泽暗淡，硬度 1~5.5，是地表常见次生矿物。

第二节 沉积岩分类、命名与描述

沉积岩是组成岩石圈的三大类岩石之一，是在地壳表层的条件下，由母岩的风化产物（包括矿物碎屑和岩石碎屑、化学溶解物、新生矿物）、火山物质、有机物质等原始物质成分，经搬运、分选、沉积以及固结成岩作用而形成的一类岩石。在对野外沉积岩描述定名时，应从沉积岩的层理、层面构造、结构、成分上来把握。

一、沉积岩类的分类及命名

沉积岩根据成分分为碎屑岩、化学岩两类，再根据岩石的结构特征、物质组成对此两类岩石命名。某种物质成分（岩屑、矿物）体积含量在 50% 以上者称××岩。如：以碎屑为主（含量大于 50%）化学胶结物为辅的岩石，称为碎屑岩；碳酸盐矿物为主的称为碳酸盐岩。

二、沉积岩碎屑粒级划分

正常沉积碎屑岩颗粒粒级划分见表 4-3。

表 4-3　　　　　　　　　正常沉积碎屑颗粒粒级划分

颗粒类型		十进位标准	自然粒级标准	Φ值粒级标准		粒级范围
大类	类	mm	mm	$d=2^{-\varphi}$	Φ值	
砾	巨砾	>1000	>256	$32=2^5$	-5	>2mm $<-1\varphi$
	粗砾	1000~100	256~64	$16=2^4$ $8=2^3$	-4 -3	
	中砾	100~10	64~4	$4=2^2$	-2	
	细砾	10~1	4~2	$2=2^1$	-1	
砂	巨砂		2~1	$1=2^0$	0	2~0.0625mm $(-1~+4)\varphi$
	粗砂	1~0.5	1~0.5	$1/2=2^{-1}$	+1	
	中砂	0.5~0.25	0.5~0.25	$1/4=2^{-2}$	+2	
	细砂	0.25~0.1	0.25~0.125	$1/8=2^{-3}$	+3	
	微砂		0.125~0.05	$1/16=2^{-4}$	+4	

续表

颗粒类型		十进位标准	自然粒级标准	Φ值粒级标准		粒级范围
粉砂	粗粉砂	0.1～0.05	0.05～0.01	$1/32=2^{-5}$ $1/64=2^{-6}$	+5 +6	0.0625～0.0039mm (+4～+8)φ
	细粉砂	0.05～0.01	0.01～0.005	$1/128=2^{-7}$ $1/256=2^{-8}$	+7 +8	
泥		<0.01	<0.005	>+8		<0.0039mm >+8φ

三、陆源碎屑岩的分类和命名

碎屑岩根据粒级大小的不同，分为砾岩及角砾岩、砂岩、粉砂岩类。

碎屑岩的一般命名方法如下。

1. 粒级分类命名原则

（1）按岩石颜色、粒度、含量进行命名。

（2）主碎屑体积含量小于5%者不参与命名，只在岩石描述中给予描述。

（3）主碎屑含量大于90%，其他矿物（岩屑）含量均不足5%者，称××岩。如：粗砂含量大于90%、细砂含量3%～4%、中砂含量4%～5%，岩石为灰白色，则称灰白色粗砂岩。

（4）主碎屑在50%以上，而另一种粒级碎屑在30%～50%之间者，则在主碎屑名前加上后者岩屑名，两者之间加"质"字。如：粗砂含量大于50%，粉砂含量35%，其他岩屑含量均小于5%，岩石呈淡肉红色，则称为淡肉红色粉砂质粗砂岩。若岩石中还有第三种矿物（岩屑）含量在10%～30%时，在前者岩石名前（岩石颜色之后）加上该矿物（岩屑）名，并在此矿物（岩屑）名前冠以"含"字，如：上面岩石中又含砾石15%，则该岩石名称为淡肉红色含砾粉砂质粗砂岩。

若岩石由几种岩屑组成，则含量高者在后，次多的依次在前，两者之间用"—"联结。如：某岩石含细砂30%、粗砂40%、粉砂20%、砾石<5%，岩石呈灰白色，则该岩石名称为灰白色含粉砂的细砂—粗砂岩。

2. 砂岩成分分类命名

先按砂岩中杂基含量分为净砂岩（杂基小于15%）和杂砂岩（杂基大于15%）。再按碎屑组分中石英碎屑、长石碎屑、岩屑的多少进行划分，见图4-1。

3. 粉砂岩分类

按粒度分类以0.0312mm粒径为界，按粒度细分为粗砂岩和细粉砂岩。

4. 泥质岩类分类

泥质岩和细粉砂岩常共生，目前尚无合理分类。

黏土矿物主要有：高岭石族、蒙脱石族、水云母族、绿泥石族、海泡石族及水铝石等。

黏土岩野外鉴定标志是：手研磨时无颗粒感而有滑感，具有贝壳状断口，可黏舌，遇水膨胀。

第二节 沉积岩分类、命名与描述

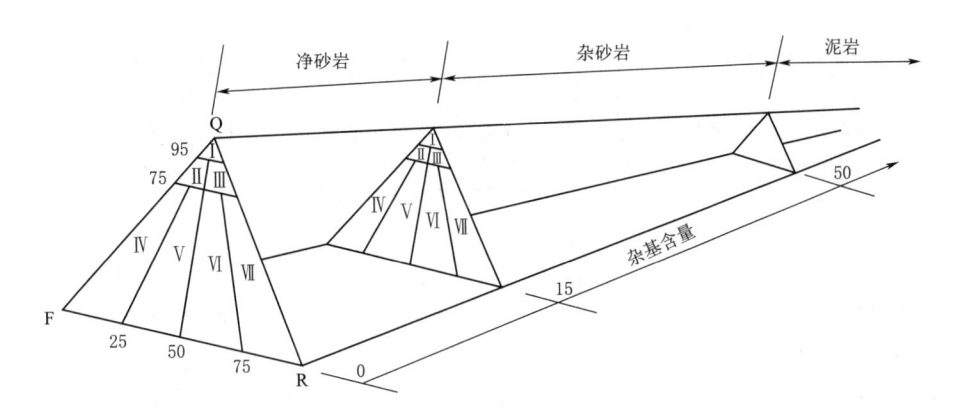

图 4-1 砂岩三端元划分图

Ⅰ—石英砂岩；Ⅱ—长石石英砂岩；Ⅲ—岩屑石英砂岩；Ⅳ—长石砂岩；Ⅴ—岩屑长石砂岩；
Ⅵ—长石岩屑砂岩；Ⅶ—长石砂岩；Q—石英；F—长石；R—岩屑

黏土岩一般根据固结程度和矿物成分分为黏土和泥岩（页岩）。

黏土：松散、质软、手指能碾碎，击打可出现凹坑，潮湿具可塑性，浸入水中即可崩解，野外松散土特征快速鉴定见表 4-4。

泥岩和页岩根据页理发育程度区分。泥岩不显页理，页岩具有明显的页理。此两种岩均较紧密，不易分开，不能泡软。

黏土按其组成矿物成分命名：当一种矿物含量大于 50% 时，则以此矿物名加黏土构成。如：高岭石黏土，水云母黏土。

当一种矿物含量没有达到或超过 50%，其中两种矿物为主量时，则以多量矿物在后，次多量矿物在前，两者之间加"—"进行联合命名，如：高岭石—水云母黏土。

泥岩和页岩命名也是在岩石名称前加混入物成分名，如：钙质页岩（泥岩），碳质页岩，油页岩。

表 4-4　　　　　　　　　　野外松散土特征快速鉴定表

项目	黏 土 类	亚黏土类	亚砂土类	砂土（砂）
眼看	无砂、质细、致密，同种土，断面平整，无空隙	能见砂砾，土质均一，不是同种土，断面不平整，可见空隙	有砂，土质粗糙、松散。断面粗糙、空隙发育	砂状、松散、空隙发育，断面极粗糙
手拿	土块完整性好，感觉较重，搓之有滑感，致密孔隙很少	土块完整性较好，手搓之有少量砂感，见有少量孔隙	土块完整性差，感觉较轻，手搓之结构松、易碎，孔隙较多	能搓成细条或球体
干土	土块坚硬，裂隙发育，手压不碎，小刀切面光滑平整，铁锤打击能见粉末，不见砂	裂隙少，手压不易碎，小刀切面不光滑，见有砂砾	无裂隙，较松、手压即碎、小刀切面不光滑、不平整，含有砂砾	疏松

续表

项目	黏 土 类	亚黏土类	亚砂土类	砂土（砂）
湿土	手指紧按能见清楚指纹，能搓成直径1mm左右的细条，容易搓成球体	紧按手指，指纹不清楚，能搓成球体和较粗的（3mm）细条	紧按手指，不见指纹，不能搓成细条、搓成的球体上见裂纹	湿度不大时具有不大的表观黏聚力，过湿时成流动状态
物性	黏性和塑性好，不透水	黏性和塑性较差，透水性能弱	无黏性和塑性，透水性能较好	透水性好

四、化学岩的分类和命名

化学岩在地表主要以碳酸盐岩出现，其他有磷酸盐、硝酸盐、硫酸盐、铝质岩、铁质岩等，后几种化学岩量大时可形成矿产供开发。

碳酸盐类岩石按矿物成分含量分为石灰岩、白云岩两个大类。再按方解石、白云石、黏土或陆源碎屑（砂、粉砂）的含量划分过渡类型。见石灰岩与白云岩（表4-5）及石灰岩（白云岩）与泥岩分类（表4-6）。

野外岩石定名时，用岩石颜色、单层厚度、沉积构造及岩石类别等特征进行定名，再经室内鉴定精确定名，若两者不符，则以镜下为准，系统改正。

表4-5　　　　石灰岩与白云岩分类

岩石类型	方解石含量/%	白云石含量/%	岩　石　全　称
石灰岩类	100～90 90～75 75～50	0～10 10～25 25～50	石灰岩 含白云质石灰岩 白云质石灰岩
白云岩类	50～25 25～10 10～0	50～75 75～90 90～100	灰质白云岩 含灰质白云岩 白云岩

表4-6　　　　石灰岩（白云岩）与泥岩分类

岩石类型	方解石或白云石含量/%	黏土矿物含量/%	岩石全称（简称）
石灰岩类 （白云岩类）	100～90 90～75 75～50	0～10 10～25 25～50	灰岩/白云岩 含泥灰岩/含泥云岩 泥灰岩/泥云岩
泥岩类	50～25 25～10 10～0	50～75 75～90 90～100	灰质/白云质泥岩 含灰泥岩/含云泥岩 泥岩

岩石的成分分类一般是以室内测试及显微观测为依据的。但在野外工作阶段，石灰岩和泥岩可按75%、50%、25%为界线划分出四种岩石。比如：灰岩和泥岩之间，可以划分石灰岩、泥质灰岩、灰质泥岩和泥岩。在野外，石灰岩和白云岩、白云岩和泥岩均可按此种办法划分。

五、碳酸盐岩的结构分类

碳酸盐成因结构分类命名见表4-7。

第二节 沉积岩分类、命名与描述

表 4-7 碳酸盐成因结构分类命名表

粒屑含量	填隙物	经过波浪及流水搬运,沉积的石灰岩							原地生成的灰岩	
			磨蚀颗粒		加集-凝聚颗粒				三种以上颗粒的混合	原地固着生物灰岩	化学及生物化学灰岩
			内碎屑	生物碎屑	鲕粒	核形石	球粒	团块		
>50%	亮晶		亮晶内碎屑灰岩	亮晶生物碎屑灰岩	亮晶鲕粒灰岩	亮晶核形石灰岩	亮晶球粒灰岩	亮晶团块灰岩	亮晶颗粒灰岩		石灰华、钟乳石、钙质层灰岩
	微晶		微晶内碎屑灰岩	微晶生物碎屑灰岩	微晶鲕粒灰岩	微晶核形石灰岩	微晶球粒灰岩	微晶团块灰岩	微晶颗粒灰岩	1. 生物灰岩。2. 生物层灰岩。3. 生物丘灰岩	
25%~50%	微晶		内碎屑微晶灰岩	生物碎屑微晶灰岩	鲕粒微晶灰岩	核形石微晶灰岩	球粒微晶灰岩	团块微晶灰岩	微晶颗粒灰岩		
10%~25%	微晶		含内碎屑微晶灰岩	含生物碎屑微晶灰岩	含鲕粒微晶灰岩	含核形石微晶灰岩	含球粒微晶灰岩	含团块微晶灰岩	微晶颗粒灰岩		
<10%		微晶灰岩-泥晶灰岩									
	晶粒大小/mm	巨晶灰岩 >2	极粗晶灰岩 1~2	粗晶灰岩 0.5~1	中晶灰岩 0.25~0.5	细晶灰岩 0.1~0.25	极细晶灰岩 0.062~0.1	粉晶灰岩 0.031~0.062	微晶灰岩 0.004~0.031	泥晶灰岩 <0.004
重结晶灰岩											
残余颗粒 >50%		残余内碎屑灰岩	残余生物碎屑灰岩	残余鲕粒灰岩	残余核形石灰岩	残余球粒灰岩	残余团块灰岩	残余颗粒灰岩	残余礁灰岩	泥屑灰岩

六、沉积岩岩石野外描述举例

1. 石英砂岩

灰白色，中粒砂状结构，石英砂约占 90%，粒径 0.5～0.8mm，粒度基本均匀，有些地方可见少量长石和黄铁矿，胶结物为硅质，胶结致密、坚硬，块状构造。局部夹浅红色薄层石英砂岩及浅黄色中薄层长石石英砂岩。

露头以中厚层出露，出露宽度约 12m，岩层中节理不发育、整体性较好。

2. 鲕粒灰岩

灰黑色，鲕状结构、块状构造，组成矿物为方解石；鲕粒分布均匀、大小约 1mm、含量 30%；泥晶基质，基质支撑，露头呈厚层状。

地表发育较弱喀斯特（岩溶）地貌。

第三节 变质岩分类、命名及描述

一、变质岩作用与变质岩

在地壳形成和演化过程中，由于地球内力的变化（上地幔，区域热流和应力发生变化）使已存在的岩石，在基本保持固态的条件下，原岩化学成分、矿物组成、结构构造等方面进行了改变，这种作用称为变质岩作用。经过变质作用形成的岩石称为变质岩。

根据变质作用的类型不同，可以分以下类型。

（1）动力变质作用——动力变质岩类。
（2）区域变质作用——区域变质岩类。
（3）混合岩化作用——混合岩类。
（4）接触变质作用——接触变质岩类。
（5）气-液变质作用——交代变质岩类。

二、变质岩的结构构造

变质岩的结构构造，是变质岩的重要特征，是野外确定变质岩类的主要依据之一。变质岩的结构类型多，按成因类型分为变余结构、变晶结构、交代结构、变形结构。变质岩的构造主要分为块状构造和定向构造两大类。结构构造特征详见变质岩的结构（表 4-8）与变质岩的构造（表 4-9）。

表 4-8　　　　　　　　　　变 质 岩 的 结 构

	种　　类	特　　征
与沉积岩有关的变余结构	变余砾状或角砾状结构	砾岩或角砾岩，经变质后其中砾石的轮廓未曾消失
	变余砂状或粉砂状结构	砂岩或粉砂岩，经变质虽然胶结物已发生重结晶，但碎屑颗粒仍保持原有轮廓
	变余泥状结构	只出现在浅变质岩中，原黏土岩易受变质作用而发生重结晶
与岩浆岩有关的变余结构	变余花岗结构	岩石局部保存有岩浆岩的半自形粒状结构（花岗结构）
	变余辉绿结构	原岩具有辉绿结构，经变质后仍能看出变化了的斜长石柱状或板状体空隙间充填有假象辉石
	变余斑状结构	斑晶在受变质的岩石中保存下来，或保持有斑晶轮廓，甚至可见斜长石的环带结构

续表

种 类		特 征
变晶结构	根据变晶颗粒绝对大小分 — 粗粒变晶结构	变质中岩石重结晶颗粒一般3mm以上
	中粒变晶结构	矿物结晶颗粒一般为1~3mm
	细粒变晶结构	矿物结晶颗粒一般大于1mm
	显微变晶结构	矿物颗粒在放大镜下不易分辨
	根据变晶颗粒相对大小分 — 等粒变晶结构	岩石由大小相等的颗粒紧密镶嵌而成
	斑状变晶结构	由大小相差甚异的斑状变晶和基质组成。变斑晶和基质同时或甚至稍晚于基质而结晶的斑晶,所以常有大量的包裹物。变斑晶常为自形的,但也有它形的,基质的结构可以是各种各样的,如花岗变晶,鳞片变晶结构
	花岗变晶结构	岩石主要由等轴粒状的矿物组成,颗粒大小不一定相等,可分为等粒花岗变晶结构和不等粒花岗变晶结构
	角岩结构	实质上是一种显微花岗变晶结构,肉眼观察则为隐晶质的,分不清颗粒,是接触变质的角岩所具有的特殊结构
	鳞片变晶结构	岩石主要由鳞片状或片状的矿物所组成
	纤维状变晶结构	岩石主要由纤维状、长柱状的矿物组成。按矿物排列情况分:平行纤维状变晶结构、放射纤维状变晶结构等
交代结构		交代作用使岩石组分发生变化,结构也相应变化,形成交代结构。当交代作用进行得彻底时,交代结构和变晶结构很难区别,所以常按变晶结构命名方法描述。如:钾长石交代斜长石形成蚕蚀结构,斜长石交代钾长石形成蠕虫结构,蛇纹石交代橄榄石形成网格结构等
变形结构		动力作用形成的结构,在定向压力下岩石变形,矿物发生弯曲、开裂、破碎,形成破碎、碎斑、糜棱结构

表4-9　　　　　　　　　　变质岩的构造

斑点构造	接触变质的斑点板岩所特有,是碳质、铁质、堇青石、红柱石等矿物雏形聚集成斑点
板状构造	为板岩所特有,是一种互相平行的破裂面(板理),面上具有微弱的丝绢光泽
千枚构造	岩石呈薄片状,千枚理面上具丝绢光泽,为千枚岩特有构造
片状构造	为结晶片岩所特有,岩石主要由片状、柱状矿物(云母、角闪石、绿泥石等)连续平行排列
片麻状构造	片麻岩所特有,岩石主要由粒状和少量片状、柱状矿物呈断续的平行排列
条带构造	岩石中组分或结构不同的部分呈条带排列,如浅色矿物条带和暗色片状矿物条带相间排列
块状构造	岩石中矿物和结构的分布都较均匀,矿物排列无方向性

三、变质岩的分类命名

1. 区域变质岩的分类命名

(1) 常见的区域变质岩先按定向构造的特征定出下岩类:①板岩类,②千枚岩类,③片岩类,④片麻岩类,⑤各种粒状变质岩(大理岩、石英岩、角闪岩、变粒岩、榴辉岩、麻粒岩等)。

(2) 命名。区域变质岩的命名遵循矿物成分和结构构造相结合的基本原则。在对某一具体岩石详细命名时，应遵循以下几点。

1) 具有变余结构构造的岩石，留用原岩名称，在之前冠以"变质"二字。

2) 具有变成结构构造的岩石，根据岩石的定向构造确定岩石基本名称。

3) 主要矿物用在基本名称之前，有几种矿物同时参加命名时，按含量少先多后的比例排列。

4) 特征变质矿物在岩石名称中要予以反映。出现两种以上特征矿物时，为方便定名，可略去次要者。一般情况下，岩石中特征矿物以不出现三种为宜。

5) 特殊的颜色、结构、构造参加命名。

6) 次要矿物含量在5%~10%时，可加含字，含量大于10%时，直接参加命名。

2. 动力变质岩的分类命名

动力变质岩是岩石在地质应力的作用下发生的变形变质作用，常以断层岩的形式表现，空间上以线状或带状延伸。动力变质岩根据变形特征可以分为脆性变形及韧性变形，前者形成碎裂岩类，后者形成韧性剪切带。

动力变质岩的分类主要考虑应力的性质、强度和原岩的特点，分类见动力变质岩分类表（表4-10）。

表4-10　　　　　动力变质岩分类表

结构	构造	断层岩系列	构造	基质性质	基质含量/%	碎块粒径/mm	岩石名称
半固结构			无定向	碎裂作用	可见碎块	>30%	断层角砾
						<30%	断层泥
固结构	一般不具流动构造	碎裂岩系列	条痕状条纹状	玻璃质或部分脱玻化			假熔岩（玻化岩、假玄武玻璃）
			无定向	碎裂作用为主	<10	>2	断层角砾岩/断层磨砾岩
					0~10	>2	碎裂岩化××岩
					10~50	0.5~2	初碎裂岩（碎斑岩）
					50~90	0.02~0.5	碎裂岩（碎斑岩）
					90~100	<0.02	超碎裂岩（碎粒岩）
	具流动构造	糜棱岩系列	眼球状、片麻状	糜棱作用为主	0~10		糜棱岩化××岩
					10~50		初糜棱岩
					50~90		糜棱岩
					90~100		超糜棱岩
	具结晶叶理		平行纹理千枚状、片状、片麻状、条带状	重结晶及新生矿物显著增长	重结晶程度	<50%	千糜岩
						>50%	糜棱片岩、片状大理岩
							糜棱片麻岩
					岩石全部重结晶		变晶糜棱岩

动力变质岩的命名一般依据以下原则。

1) 按其成因特征及所形成岩石的主要结构构造特征，划分确定基本类型名称。

2) 若原岩特征残留较多，可根据残留结构构造和矿物成分确定原岩性质时，按碎裂结构（构造）加原岩名称的方式命名。

3) 当原岩特征残留很少，难以依据残留的矿物组成和组构确定原岩时，可按碎裂结构（构造）或岩石的主要构造特征所确定的基本名称进行命名。

4) 动力变质岩若遭受再次变质改造时，则可按复变质岩的命名原则进行命名。

3. 热接触变质岩分类命名

热接触变质岩分布在岩体的围岩接触带附近。距岩体越近，则温度越高，热变质作用也越强；远离岩体，则温度依次降低。常见变质程度不同的热变质岩顺序出现，并围绕岩体作环带状分布，形成接触变质晕。

热接触变质岩的命名一般采用次要矿物＋主要矿物＋岩石基本名称的方法。

岩石的基本名称根据矿物成分、结构构造的不同，有以下类型。

(1) 具变余结构、构造的。在原岩名称前冠以"变质"二字和主要新生矿物的名称。如二云母变质石英砂岩。

(2) 具变晶结构或变成构造的。

1) 具定向构造的。根据构造特征分别定名为板岩、千枚岩、片岩、片麻岩等。

2) 不具定向构造的。角岩、具角岩结构或显微变晶结构、矿物成分作散布状或其他非定向排列的热变质岩都可称为角岩。

大理岩，主要由碳酸盐矿物组成。

石英岩，石英含量大于85%。如含长石15%～25%，则称长石石英岩。

进一步命名根据矿物含量：小于5%的不参加命名；含量5%～10%的，冠以"含"字；含量大于10%的，直接参加命名。含量较多的矿物名称放在后面，含量较少的放在前面。例如夕线石红柱石云母片岩，石榴子石白云母片岩。

特征变质矿物含量虽小于5%，也应参加命名，在矿物名称前冠以含字。

有时也可将颜色或特征的结构、构造加以命名。如灰绿色条带状大理岩。

4. 交代变质岩类

交代变质作用主要表现在接触交代作用过程中。变质过程中，围岩与侵入体发生物质代入代出，使岩石的化学组成和矿物组成发生变化，形成新岩石。

在野外，此类岩石一般分布在岩体的外围。所以确定此类岩石成岩作用时可先从岩石的分布特征上分析，然后再根据矿物的组成确定变质岩石种类。

主要变质岩石类型如下。

(1) 蛇纹岩。蛇纹岩主要是由超基性岩受低～中温热液交代作用，使原岩中的橄榄石和辉石发生蛇纹石化所形成。

蛇纹岩一般呈暗灰绿色、黑绿色或黄绿色，色泽不均匀，质软、具滑感。常见为隐晶质结构，镜下见显微鳞片变晶或显微纤维变晶结构。具有致密块状或带状、交代角砾状等构造。矿物成分比较简单，主要由各种蛇纹石组成。

(2) 青磐岩。青磐岩是中性以及基性成分的浅成岩、喷出岩和火山碎屑岩在中～低温热液作用下，特别是含 H_2S、CO_2 的热液作用下经蚀变作用所形成。

青磐岩一般呈灰绿色、暗绿色。隐晶质，但往往具变余斑状结构及变余火山碎屑结构。块状、斑块状、角砾状构造。矿物成分较复杂，主要有阳起石、绿帘石、绿泥石、钠长石、碳酸盐等，此外还常见有冰长石、沸石、葡萄石、明矾石、黄铁矿、黄铜矿、闪锌矿、方铅矿等。

（3）云英岩。由花岗岩类在高温汽化热液作用下经交代蚀变形成。呈灰白、灰绿、粉红等色，具细、中粒鳞片状变晶结构和块状构造。主要矿物成分为石英、云母、黄玉、电气石和萤石等，其次为绿柱石、石榴石、金红石等。根据矿物的相对含量，可分为石英白云母云英岩、石英黄玉云英岩、电气石白云母云英岩、石英萤石云英岩等。

（4）次生石英岩。主要由中酸性火山岩或次火山岩，在硫质火山喷气和热液的影响下，经交代蚀变作用形成的一种高度硅化的变质岩石。矿物成分主要为石英，可有绢云母、明矾石、高岭石、红柱石、水铝石和叶蜡石，其次为刚玉、黄玉、电气石等。岩石一般为灰白色至深灰色，具细粒至显微粒状变晶结构和块状构造，有时可见变余斑状结构和变余流纹构造。

对蚀变岩石观察描述时，应注意：①确定蚀变岩石类型，圈定范围和形状；②绘制大比例尺的详细剖面和素描图，在图上要表示出不同蚀变的情况，详细观察和记录蚀变带的宽窄，空间上的分布；③描述蚀变带内的矿物变化情况；④要注意蚀变随深度变化特征的观察；⑤注意地表蚀变特征，颜色的变化。

5. 混合岩的分类命名

（1）分类标志。

混合岩分类主要是根据其脉体（长英质）和基体（铁镁质）物质的数量比例及原岩的构造特征和改造程度来进行。基体一般呈暗色，多为原岩组分，脉体多为淡色，代表新生组分。

（2）命名。

1）混合岩化变质岩类。本岩类含脉体小于15%，混合岩化作用较弱。在原岩名称前加"混合岩化"。

2）注入混合岩类（混合岩类）的命名。脉体＋基体＋构造＋混合岩。如：长英质斜长角闪角砾混合岩。

本类岩石的特征，基本上以基体岩石为主，新生的长英质脉体占次要地位（15%～50%），基体、脉体界线一般清楚，以注入作用为主，兼有局部的交代作用。常见的构造形态特征为：肠状、角砾状、眼球状、条带状构造。

3）混合片麻岩类的命名。构造＋暗色矿物＋混合片麻岩。如：眼球状黑云母混合片麻岩。

此类岩石混合岩化作用相当强烈，残留的变质基体只占次要地位（小于50%），由于交代作用强烈，残留的变质基体和新生的花岗质基体之间，已无明显的差别和界线，最典型的构造为片麻状构造，亦可为条带-条痕状构造或眼球状构造。

4）混合花岗岩类的命名。构造＋暗色矿物＋混合花岗岩。如：阴影状黑云母混合花岗岩。

本类岩石混合岩化作用最强烈，其岩性和岩浆凝结物的花岗岩有相似之处，岩石总的矿物成分相当于花岗岩或花岗闪长岩，但其中仍可保留一定数量的暗色矿物较集中的斑点、条痕或团块，呈不均匀分布，大体代表交代反应后残留的基体，含量较多时，就构成阴影状或雾迷状构造。

四、主要变质岩的野外区别

主要变质岩野外鉴定见表 4-11。

表 4-11　　　　　　　　　　主要变质岩野外鉴定表

变质类型	变质岩	主要变质矿物	结构、构造	产状及其他	可能原岩
热接触变质	板岩、斑点板岩、石墨板岩、角岩、红柱石角岩、堇青石角岩	绢云母、红柱石、堇青石、黑云母、石墨	变余泥质结构、鳞片变晶结构、板理发育、斑点构造、角岩结构、块状构造	围绕岩浆岩侵入体产生围岩的热变质圈，愈靠近侵入体变质程度愈强，变质矿物出现比较多，晶体长得也比较大，原岩的结构、构造有较大的改造，多形成变晶结构，反之，远离侵入体，则原岩改造的程度比较弱，岩石的结构则以变余结构为主	泥质岩
	变质砂岩、砾岩、石英岩	绢云母、绿泥石、红柱石、赤铁矿、磁铁矿	变余砂状结构、变余砾状结构、块状构造粒状变晶结构、块状构造		碎屑岩
	结晶灰岩大理岩	方解石、透闪石、阳起石、硅灰石、透辉石	粒状变晶结构、纤维变晶结构、块状构造		碳酸盐类岩石
气液变质	矽卡岩	石榴子石、辉石、符山石、绿帘石	不等粒变晶结构、块状构造	似层状、透镜状	中酸性侵入体与碳酸盐类岩石接触带
	云英岩	石英、白云母、电气石、黄石、黄玉	鳞片粒状变晶结构、块状构造	沿气成热液石英脉的两侧发育	酸性侵入岩、沉积岩、变质岩
	蛇纹岩	蛇纹岩、滑石、磁铁矿	隐晶质结构、块状构造	不规则透镜状及脉状	超基性岩
	次生石英岩	石英、绢云母、明矾石、高岭石、叶蜡石、黄铁矿、赤铁矿	隐晶-细粒变晶结构、块状构造	似层状	中性喷出岩
动力变质	碎裂岩	绢云母、绿泥石	碎裂结构	沿断裂带发育	各类岩石
	糜棱岩	绢云母、绿泥石、方解石、叶蜡石、镜铁矿	糜棱结构、不明显的片麻状构造	沿断裂带发育	各类岩石

续表

变质类型	变质岩	主要变质矿物	结构、构造	产状及其他	可能原岩
区域变质	板岩	绢云母、绿泥石	隐晶质结构、变余泥质结构、板状构造	板岩、千枚岩、片岩一般为层状产出，片麻岩则除了呈层状外，有的还保留原岩浆侵入体的轮廓（片岩也是这样）。板岩～千枚岩～片岩～片麻岩一般变质程度越来越深	泥质岩粉砂岩
	千枚岩	绢云母、绿泥石	变余泥质结构、变余粉砂质结构、细粒鳞片变晶结构、千枚状构造		
	片岩	白云母、黑云母、绿泥石、角闪石、滑石为主（石英＋长石）<50%	鳞片变晶结构、纤维变晶结构、片状构造		
	片麻岩	长石、石英为主，片状矿物有黑云母、白云母等，粒状矿物角闪石等（长石>25%）	鳞片（纤维）粒状变晶结构，片麻状构造		长石砂岩，中酸性岩浆岩
	大理岩	方解石、白云石为主（有时可见蛇纹石、透闪石、透辉石）	粒状变晶结构，块状构造	层状	碳酸盐类岩石
	石英岩	石英为主（少量长石、云母、石榴子石等）	粒状变晶结构，块状构造		石英砂岩甚至硅质岩石
	绿片岩	绿泥石、绿帘石、阳起石、角闪石为主（少量为石英、云母）	鳞片变晶结构、纤维变晶结构、片状构造	层状产出或保留原岩浆岩侵入体的轮廓	中-基性岩浆岩
	斜长角闪岩	斜长石、角闪石	纤维粒状变晶结构、片状构造、片麻状构造或块状构造		基性岩浆岩，富铁的白云质泥灰岩

五、变质岩岩石野外描述举例

在工程地质调查中，变质岩的野外描述通常注重岩石类型划分及分布，变质岩的构造类型及产状对岩石的工程力学性质、水文地质影响较大。岩石种类的正确划分是变质岩调查的基础。

对变质岩进行野外描述时可参考下例。

绢云母石英片岩：白色，细粒粒状、显微鳞片状变晶结构，片状构造。主要矿物为石英，含量92%，次要矿物为绢云母，片理面上比较容易观察，呈丝绢光泽，含量7%。另外可见少量绿泥石及其他矿物。地表岩石露头较完整。

第四节　岩浆岩分类、命名及描述

由岩浆作用形成的岩石称为岩浆岩。岩浆作用方式可以分为侵入作用和喷出作用，对应地也就形成了侵入岩和喷出岩。侵入岩按深浅分为深成侵入岩和浅成侵入岩，喷出岩按喷发方式分为熔岩和火山碎屑岩。

在野外遇到一个岩体的时候，应从岩体的产状、岩石学的角度出发，确定其岩石成因，并在特征观察的基础上，给予岩石初步分类，并描述命名。

一、岩浆岩的结构、构造特征

岩浆岩的结构构造是判断岩石类型的基本依据，也是野外鉴定命名岩石的基础之一。牢记岩浆岩结构、构造特征对野外岩石的识别大有裨益。常见岩浆岩的构造及特征见表4-12，常见岩浆岩的结构及特征见表4-13。

表4-12　　　　　　　　　　常见岩浆岩构造及特征

岩石构造	岩石构造特征
块状构造	矿物在岩石中均匀分布，无一定方向和排列次序，也无特殊的聚集现象，岩石呈均匀的块体，如：花岗岩
斑杂构造	岩石中的不同组成部分，在结构上或矿物成分上有较大的差异，岩石看起来是不均匀的，特别是暗色矿物呈杂乱状的斑点分布。多在侵入岩、喷发岩或同化混染作用中形成
条带状构造	岩石中的不同矿物组分（如：暗色矿物和淡色矿物），不同结构，呈条带相间状大致平行排列而成。原生条带状构造：主要是岩浆结晶分离作用形成。次生条带状构造：是深部同化混染作用形成
片麻状构造	岩石中暗色矿物相间断续呈定向排列，或石英、长石明显具有拉长定向排列等。包括同生片麻状构造、次生片麻状构造、残留片麻状构造
球状构造	岩石中矿物围绕某些中心呈同心状或辐射状分布，组成一个球体。如：球状花岗岩、球状伟晶岩、球状辉长岩等
层状构造	喷出岩具有，常为块层状，层内成物质均匀。由于喷发期次和喷发物质特征不同，岩石在垂向上体现出成层性
气孔、杏仁构造	由于未溢出的挥发分膨胀，在岩浆冷凝后留下的气孔，称为气孔构造。当气孔被岩浆期后矿物所充填，则形成杏仁构造。常见充填矿物为方解石、石英、绿泥石、沸石
流纹构造	酸性熔岩中常见的构造，是由不同颜色、不同成分的条纹、条带和球粒、雏晶定向排列，以及拉长的气孔等表现出来的一种流动构造，是岩浆流动过程中形成的。其不仅在酸性熔岩中出现，亦可以出现于粗面岩、英安岩中

表4-13　　　　　　　　　　常见岩浆岩结构及特征

结构类型		岩石结构特征
岩石结晶程度	全晶质结构	岩石全由矿物晶体组成
	半晶质结构	岩石中既有矿物晶体，又有非晶质玻璃，在浅成侵入岩和喷出岩中具有
	玻璃质结构	岩石几乎全由玻璃质组成，多见于喷出岩中

续表

结构类型			岩石结构特征
岩石中矿物颗粒大小	绝对大小	显晶质	矿物颗粒可以用肉眼或者借助10倍放大镜来区别
		粗粒结构	5～10mm
		中粒结构	2～5mm
		细粒结构	0.2～2mm
		微粒结构	0.1～0.2mm
		隐晶质	岩石呈致密状，岩石中矿物晶体不能用肉眼或放大镜看出
	相对大小	等粒结构	同一种主要矿物，大小基本上相等
		不等粒结构	同一种主要矿物大小不等，但其大小呈连续变化
		斑状结构	岩石中矿物成分明显地按其大小分为两群，相对粗大的称斑晶，相对细小的称为基质。斑状结构常见于浅成岩或喷出岩中，基质常为隐晶质或玻璃质
		似斑状结构	基质常为显晶质，斑晶常没有溶蚀与分解现象，斑晶与基质的矿物成分基本相同
岩石中矿物的自形程度		自形结构	矿物具完整的晶形，矿物在足够充分的空间和允许的充分条件下形成，如斑岩中的斑晶
		半自形结构	矿物晶体部分为完整的晶面，部分为不规则轮廓。岩石中大多数矿物由半自形晶组成，或自形程度不等，多在深成岩和浅成岩中
		他形结构	矿物晶体无一完整晶面，形状多半是不规则的，充填在其他已经析出的矿物颗粒空隙之间

1. 矿物粒度观察

凡是肉眼（或用放大镜）能够见到的矿物颗粒，为显晶质结构。显晶质矿物颗粒，按粒径大小可分成粗粒、中粒、细粒、微粒等。在测量颗粒的粒径时一般以具代表性的颗粒长轴为准。对于浅色岩通常是测量钾长石、斜长石或石英等矿物，对于暗色岩则要测量有代表性的暗色矿物。岩石中同种矿物和主要造岩矿物的粒度大致相等时称等粒结构；矿物颗粒的大小连续变化，称不等粒结构；如果颗粒大小相差悬殊，而又无过渡粒径者，则为斑状结构。

2. 岩石斑晶观察

岩石含有斑晶颗粒时，基质由微晶、隐晶或玻璃质组成，称为斑状结构。若岩石由两类大小不同的矿物颗粒组成，大的颗粒称为斑晶，小的为基质，基质为显晶质，与斑晶的成分一致时，则称为似斑状结构。对基质为隐晶质的岩石，肉眼观察时常按斑晶定名。斑晶为石英和钾长石者，称为"××斑岩"，如花岗斑岩、正长斑岩等；斑晶为斜长石和暗色矿物者，称为"××玢岩"，如闪长玢岩、辉绿玢岩等。

二、岩浆岩的分类

1. 火山碎屑岩类（表4-14）

火山碎屑岩分类见表4-14。

第四节 岩浆岩分类、命名及描述

表 4-14　　　　　　　　　　火山碎屑岩分类表

大类	碎屑熔岩类	正常火山碎屑岩		火山-沉积碎屑岩类	
亚类	碎屑熔岩	熔结火山碎屑岩	普通火山碎屑岩	沉积火山碎屑岩	火山碎屑沉积岩
火山碎屑含量	90%～100%	>90%		50%～90%	10%～50%
胶结类型	熔岩胶结为主	熔结为主	压结为主	压结和水化学胶结	
基本岩石名称	集块熔岩	熔结集块岩	集块岩	沉集块岩	凝灰质集块岩（凝灰质巨砾岩）
	角砾熔岩	熔结火山角砾岩	火山角砾岩	沉火山角砾岩	凝灰质角砾岩（凝灰质砾岩）
	凝灰熔岩	熔结凝灰岩	凝灰岩	沉凝灰岩	凝灰质砂岩
					凝灰质粉砂岩
					凝灰质泥岩
					凝灰质化学岩

2. 侵入岩及火山岩类（表 4-15）

侵入岩及火山岩类见表 4-15。

三、侵入岩的野外观察

野外鉴定侵入岩的岩类，主要是根据其矿物成分和颜色。

1. 岩石中矿物成分种类及组合

岩浆岩中常见造岩矿物有橄榄石、辉石（顽火辉石-紫苏辉石、普通辉石、透辉石、易剥辉石）、普通角闪石、云母、斜长石、钾长石（正长石、微斜长石、透长石）、石英等。

超基性岩主要矿物组合：橄榄石＋辉石。

基性岩主要矿物组合：辉石＋基性斜长石。

中性岩主要矿物组合：中性斜长石＋角闪石，正长石＋霞石，正长石＋斜长石。

酸性岩主要矿物组合：正长石＋石英，正长石＋石英＋酸性斜长石，酸性斜长石＋石英。

2. 岩石的颜色

侵入岩的岩石的颜色除了使用主要组成矿物的颜色描述之外，通常也可用色率来表示，橄榄石、辉石、角闪石、黑云母通常称为暗色矿物，长石、石英、似长石通常称为浅色矿物，色率即暗色矿物占造岩矿物总量的百分比。岩石颜色的深浅是暗色矿物和浅色矿物相对含量的反映。根据岩石颜色的深浅，大致分为浅色、中色与暗色三类岩石，一般可与酸性岩、中性岩、基性岩和超基性岩相对应，但微晶岩石的颜色，比相同成分的中粗粒状岩石颜色要深，如微晶辉绿岩通常比辉绿岩的颜色深。喷出岩颜色描述中不能用色率概念。

表4-15　主要岩浆岩肉眼鉴定分类表

岩相	侵入岩相		火山岩相			色率	次要矿物	主要矿物	岩石大类	SiO₂含量/%
	深成相	浅成相	潜火山岩相	熔岩	喷出相 火山碎屑岩					
岩类	深成岩	浅成岩	次火山岩	熔岩	火山碎屑岩					
产状	岩基、岩株、岩盆	岩床、岩盖、岩墙	岩墙、岩脉、岩管	熔岩流、熔岩被、熔岩锥	火山碎屑流 火山锥					
结构	中、粗粒、似斑状	细粒、隐晶质	斑状、细晶－隐晶质	斑状、隐晶质	玻璃质					
构造	块状、条带状、斑杂状	块状	块状	气孔、杏仁、流纹	块状 火山玻璃	块状、层状 火山碎屑岩				
岩石类型	橄榄岩		金伯利岩	苦橄岩		>90	石榴石、尖晶石	橄榄石、辉石	超基性岩	<45
	辉长岩	微晶辉长岩、辉绿岩	辉绿玢岩	玄武岩		35～90	角闪石、橄榄石	基性斜长石、辉石	基性岩	45～52
	闪长岩	微晶闪长岩	闪长玢岩	安山岩		15～35	角闪石、辉石	中性斜长石、角闪石	中性岩	52～65
	正长岩	微晶正长岩	正长斑岩	粗面岩		15～35	石英	正长石	偏碱性中性岩	52～65
	花岗岩	微晶花岗岩	花岗斑岩	流纹岩		<15	黑云母、角闪石	钾长石、酸性斜长石、石英	酸性岩	>65
	霞石正长岩		霞石正长斑岩	响岩		<40	黑云母、角闪石	正长石、似长石	碱性中性岩	52～65

（1）当岩石为绿-黑色，几乎全由暗色矿物（95%以上）组成时，为超基性岩类，可进一步根据矿物成分及其性质确定岩石名称。如果全为黄绿色-褐色，粒状矿物，无解理时，则可能是纯橄榄岩；如果全部矿物都为褐色-黑色，且易看到解理，则可能是辉石岩或角闪岩；若岩石结构致密，可能为蛇纹石化橄榄岩。

（2）当岩石为黑灰色或灰色，且不含石英，暗色矿物与浅色矿物大约为1:1时，可能是辉长岩；暗色矿物与浅色矿物含量之比为1:2时，可能是闪长岩。

（3）当岩石为浅色，几乎全由浅色矿物（80%以上）组成时，若含石英，可能是石英闪长岩、石英二长岩、花岗闪长岩和花岗岩等；若不含石英，则可能是正长岩、二长岩、霞石正长岩等。此时，需要观察有无石英及石英的含量，有无钾长石和斜长石及其含量，以及暗色矿物的种类和含量等，来确定岩类。

四、喷出岩的野外观察

喷出岩一般为层状产出，根据岩石分类习惯，可分为熔岩类和火山碎屑岩类。这两类岩石结构上差异比较明显，野外划分时可先从岩石结构入手来划分。

熔岩的结构致密，除了斑晶以外，基质往往呈细粒或玻璃质结构，肉眼很难分辨，一般只能根据颜色、斑晶成分、结构、构造、次生变化等，综合考虑后才能做出初步鉴定结果。在野外，熔岩可根据颜色、斑晶种类确定；非玻璃质致密无斑岩石可根据脆性大致判断，通常含 SiO_2 越高岩石脆性越明显。

1. 根据颜色鉴定

由基性岩到酸性岩，其颜色一般由深色变为浅色。基性的玄武岩类通常呈黑~黑绿色，中性的安山岩为深灰、暗紫~紫红色；偏碱性的粗面岩类为浅灰~深灰色；酸性岩呈灰白~白色。但某些酸性岩，由于微粒磁铁矿的含量较多，颜色可以很深，如黑曜岩、珍珠岩、浮岩等。另外，结晶程度好的比隐晶质、玻璃质的岩石颜色浅一些；发生次生变化的岩石比未变化的岩石颜色浅一些，如黑绿色的玄武岩，经次生变化后可变为绿色。

2. 利用斑晶成分来鉴定

各类熔岩，因所含斑晶的性质是不一样的，可以根据斑晶的成分鉴定岩石类型。玄武岩的斑晶多为普通辉石、橄榄石，有时也出现斜长石斑晶，此外可见气孔构造。安山岩的斑晶常为斜长石、辉石、角闪石，基质多为致密状；流纹岩的斑晶多为石英和透长石（板状、透明、性脆），基质致密具流纹构造；粗面岩断口粗糙，斑晶主要为钾长石；响岩斑晶为似长石（假白榴石或霞石）。

五、岩浆岩岩石野外描述举例

岩浆岩标本描述内容分为主要和次要两方面。主要描述内容有：颜色、结构、构造、矿物成分、性质、含量和岩石名称等。次要描述内容有：次生变化、风化、节理、工程分类等。

有时岩浆岩的风化面和新鲜面颜色不一致，在描述岩石的颜色时，一般应分出原生色和次生色，并分别加以描述，在岩石颜色的描述中，有时采用双色法，如用黄绿色、灰白色、黄褐色，描述时把主要的基本颜色放在后面，次要的颜色放在前面，如黄绿色是以绿色为主，带一点黄色。

在岩石结构、构造的描述中，应尽量反映出岩石的产出特点。在矿物成分的描述上，不仅要描述矿物名称、性质，还应估计其含量，指出主要矿物和次要矿物，其次是描述矿物的次生变化等。最后，根据上述特征，初步确定岩石名称，以上为主要描述。当主要描述完成之后，还须进行次要描述。

描述举例如下。

(1) 辉长岩：暗灰色，中粒结构，颗粒均匀，粒径一般为 2～5mm，块状构造，岩石较新鲜。暗色矿物为黑色、褐黑色的辉石，其特点是呈近粒状，有的可见解理。其次可见少量黄绿色具油脂光泽的橄榄石，具珍珠光泽的黑云母片。暗色矿物含量约为 50%。浅色矿物为斜长石，呈长板状，白色至灰色，玻璃光泽，在平整的解理面上可见到聚片双晶纹，含量约为 50% 以上。

(2) 闪长玢岩：浅灰色，斑状结构、块状构造。斑晶为白色板状斜长石和绿色柱状的角闪石，并有少量的黑云母和石英。斑晶直径 1～6mm，斑晶占岩石体积 30% 左右。基质为隐晶质结构，镜下基质成分与斑晶相同。岩体呈宽脉状，在地表有较强的风化，风化层厚度约 3～5m，长石风化后较松。

(3) 流纹岩：紫红色，斑状结构，流纹构造、气孔状构造。斑晶为它形灰色、无色石英和红色或浅白色近透明的自形-半自形长石。基质成分和斑晶相同，具霏细结构，局部为玻璃质结构。地表岩石出露完整，呈层状分布于其他火山碎屑岩及熔岩中，近地表以物理风化为主。

(4) 花岗岩：新鲜面为浅肉红色，风化面常呈黄褐色，中粗粒花岗结构，块状构造；主要矿物有钾长石 50%，石英 30%，斜长石 10%；次要矿物有角闪石和黑云母 10%。钾长石：肉红色，板状。石英：灰白色，不规则粒状，油脂光泽。角闪石：黑色，长柱状。黑云母：黑色，片状。地表岩石风化较弱，岩体完整性好，发育少量节理。

第五章 地层的野外观察与描述

野外见到的成层岩石（沉积岩、火山岩、变质岩）泛称岩层。当探讨岩层的先后顺序、地质年代、岩性组成及填图单位时，称为地层。地层包括结构、厚度、形态、接触关系、岩石学特征、生物学特征及地球物理和地球化学特征等物质属性。

第一节 岩性、岩性组合及地层结构的观察描述

观察岩层中岩石成分、结构（包括矿物颗粒的粒度、分选、磨圆、胶结类型）、岩层厚度等，正确识别和描述各单层的岩性。

在正确识别岩性的基础上，观察描述地层结构。当地层序列中单层的岩性特征基本相同，且单层厚度相差不大时，通常称为均一式结构；由规则或不规则的两类或两类以上岩层类型交互组成，则称为互层式结构；如果以一种类型的单层为主，其间夹有另外一种类型的单层，称为夹层式结构。野外必须对地层结构进行详细的观察、测量、描述。

第二节 地层接触关系及野外识别标志

岩层之间的接触关系可分为整合接触、平行不整合（假整合）接触、角度不整合接触。

野外识别不整合的重点是这些接触界面及界面上下地层的差异。通常，在不整合界面上发育有古风化壳、底砾岩和规模较大的冲刷面。角度不整合界面上下地层产状不一，上下地层的构造样式及变质程度会有较大的差别。平行不整合上下地层产状一致，部分界面平直，部分界面起伏不平。

第三节 地 层 单 位

在地层岩性及岩性组合、古生物化石、接触关系等观察描述的基础上，熟悉地层单位和地层系统。常见的地层单位有岩石地层单位、年代地层单位。野外确定和建立的主要是岩石地层单位。

岩石地层单位包括群、组、段、层四级单位。其中组是基本单位，它是具有相对一致岩性、一定的分布范围和一定结构类型的地层体。

组可以由单一的岩性组成，也可以由两种以上岩性的岩层互层或夹层组成，或由岩性相近、成因相关的多种岩性的岩层组合而成，或为一套岩性复杂的岩层，但可与相邻的岩性简单的地层单位相区分。组的顶、底界线清楚，可以是不整合界线，也可以是整合界

线，但组内不能有不整合界面。

群比组高一级，为岩性相近、成因相关、地层结构类似的组的联合。

段比组低一级，根据岩性、地层结构、沉积韵律、地层成因等可以将组分为段。

层是最小的岩石地层单位，指单一的岩性层或单一岩性层组合。野外实测地层剖面一般要划分层，它是岩性相同或相近的岩层组合或相同地层结构的组合。

第四节　原生沉积构造及岩层面向确定

沉积构造是沉积岩和变余沉积岩的成因标志。沉积构造主要包括层理构造、层面构造、准同生变形构造、生物及化学成因构造。一些特殊成因及形态的原生构造也是确定岩层面向的识别标志。

岩层面向是指岩层从老到新的方向。

层是野外对岩层进行描述时常用的术语，是沉积地层的基本单位，由成分基本一致的岩石组成。它是在较大区域内，在基本稳定的自然条件下沉积而成的，可以根据它在成分和结构上的不连续性与上下邻层区分开。

一个层可以包括一个或若干个纹层、层系或层系组。层没有限定的厚度，其厚度变化范围很大，可自数毫米至数十米，但通常是数厘米至数十厘米。

按厚度可划分为：块状层（>1m）、厚层（0.5～1.0m）、中层（0.1～0.5m）、薄层（0.1～0.01m）、微细层或页状层（<0.01m）。

一、层理构造

层理是沉积岩中最普遍的一种原生沉积构造，是岩层内部的成分、粒度、结构、胶结物和颜色等特征在剖面上突变或渐变所显示出来一种面状构造。

层理由纹层、层系和层组组成。根据其形态特征可划分为以下几种类型（图5-1）。

（1）水平层理：水平层理反映水能量低的宁静环境，沉积物粒度细，层理清晰且连续，纹层相互平行且与层面一致。

（2）交错层理：交错层理是由一系列与层面斜交的内部纹层组成层系，层系之间由层系面分隔。根据其形态可分为板状、楔状、波状和槽状交错层理等多种类型。

（3）递变层理：也称粒序层理，是在同一岩石层内由下而上粗细粒度递变纹层所显示的层理，层面基本上相互平行，底部常具冲刷面。

在野外，可以利用交错层理中的纹层形态判别岩层的顶底。在板状和楔状层理中纹层一般一端宽一端窄，宽端纹层线与层面交角大，窄端纹层线与层面交角较小或相切；宽端指向为上，窄端指向为下。槽状层理纹层线弧状突出指向为下。递变

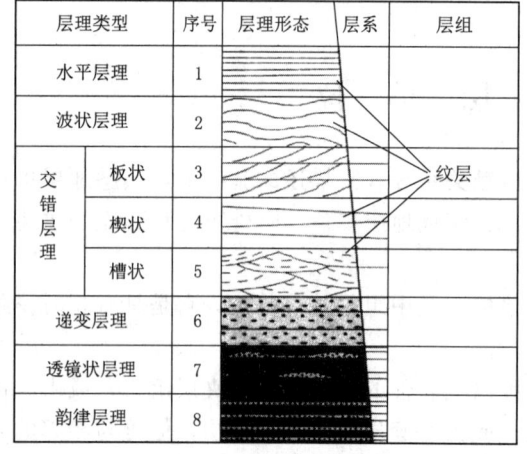

层理类型		序号	层理形态	层系	层组
水平层理		1			
波状层理		2			
交错层理	板状	3			纹层
	楔状	4			
	槽状	5			
递变层理		6			
透镜状层理		7			
韵律层理		8			

图5-1　层理的主要类型

第四节 原生沉积构造及岩层面向确定

层理通常粗颗粒在下，细颗粒在上。

二、层面构造

主要包括波痕、冲刷痕和暴露构造。

波痕是指流水、波浪或风作用于沉积物并在沉积面留下的波状起伏的痕迹。按其成因可分为流水波痕、浪成波痕及风成波痕。

水流冲蚀下伏沉积物形成冲刷面或冲蚀沟槽，沟槽被沉积物充填后则形成槽模和沟模。

暴露构造是指沉积物间歇暴露于大气中，在沉积物表面形成的沉积构造，如泥裂、雨痕、食盐假晶及足迹等。

利用波峰变异形态（双峰、平峰、尖峰）波痕、特殊形态的暴露构造可以确定岩层的面向。

三、生物成因构造

生物成因构造是指由于生物生长、活动、遗体而形成的构造。

常见的生物成因构造有：叠层、生物遗迹、生物化石。

叠层构造的纹层上穹方向为岩层顶部指向。介壳化石多数保持凸面向上的稳定状态。虫穴开口向上（图5-2）。

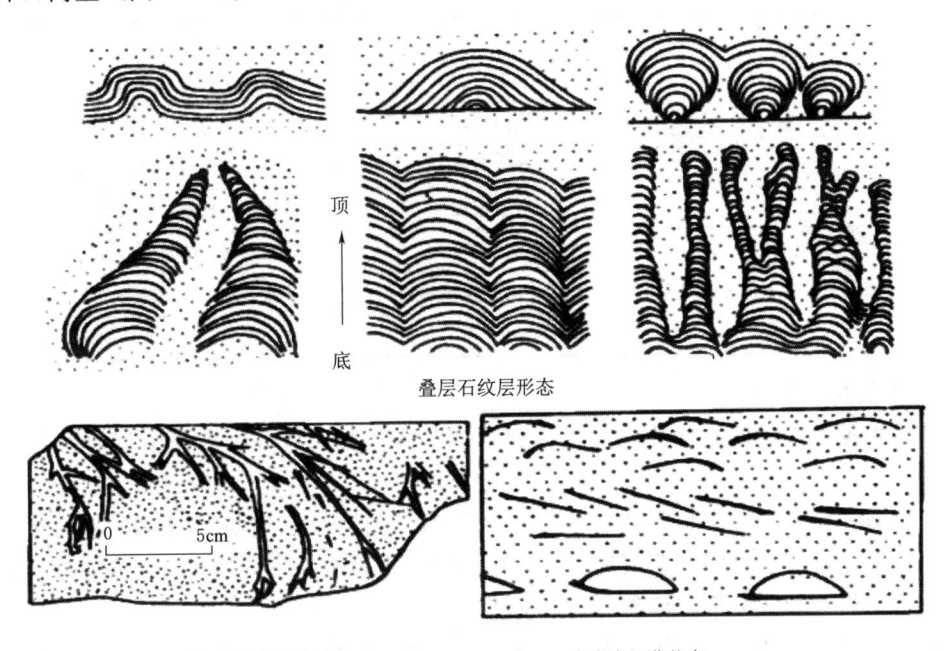

叠层石纹层形态

植物根系生长状态　　　介壳类埋藏状态

图5-2 生物成因构造的示顶示意图

第六章　地质构造的野外观察

第一节　节　理

节理是岩石中的裂隙，是没有明显位移的断裂，也是地壳上部岩石中发育最广的一种构造。节理发育的密度和开启性，不仅影响地下水的渗透，也影响岩石和岩层的含水性和水井涌水量。大量发育的节理常常导致水库的渗透和岩体的不稳定，给水库和大坝等工程带来隐患。节理的性质、产状和分布规律与褶皱、断层和区域构造有密切的成因联系。

一、节理分类

1. 与有关构造的几何关系分类（表 6-1）

表 6-1　　　　　　　　　　节 理 几 何 分 类 表

分　类		主　要　特　征
根据节理与岩层产状的关系	走向节理	节理走向与岩层走向大致平行
	倾向节理	节理走向与岩层走向大致直交
	斜向节理	节理走向与岩层走向斜交
	顺层节理	节理面与岩层面大致平行
根据节理与褶皱轴方位之间的关系	纵节理	节理走向与褶皱轴向大致平行
	横节理	节理走向与褶皱轴向大致垂直
	斜节理	节理走向与褶皱轴向斜交

2. 力学性质分类

节理根据其形成的力学性质可分为剪节理和张节理。剪节理和张节理野外识别特征如下。

（1）剪节理：节理产状较稳定，沿走向及倾向延长较远，节理面平滑，有时可见擦痕和摩擦镜面，此类节理常呈羽列现象。典型的剪节理常组成共轭"X"型节理系，当发育良好时可将岩石切成菱形、棋盘形式或柱状。

（2）张节理：节理面粗糙不平，无擦痕，产状不甚稳定，且延长不远，有时形成不规则树枝状和各种网络状。

二、节理的野外观察和研究

节理的观察记录：重点弄清节理的性质、产出次序。记录内容主要有：所处的地层时代、岩性、构造部位、节理的产状、期次、性质、发育情况、节理的密度和节理中有无填充物等。

地质工作中通常对野外统计的节理产状要素进行整理绘图。常用的有玫瑰花图、极点图和等密图等。

1. 节理玫瑰花图绘制

（1）资料的整理：将野外测量的节理走向，换算成北东和北西方向，按其走向方位角的一定间隔分组。分组间隔大小依作图要求及地质情况而定，一般采用5°或10°为一间隔，如分成0°～9°、10°～19°等。习惯上把0°归入0°～9°内，10°归入10°～19°组内，以此类推。然后统计每组的节理数目，计算每组节理平均走向，如0°～9°组内，有走向为6°、5°、4°三条节理，则其平均走向为5°。把统计整理好的数值填入统计表。

（2）确定作图比例尺：根据作图的大小和各组节理数目，选取一定长度的线段代表一条节理，然后以等于或稍大于按比例尺表示的，数目最多的那一组节理的线段的长度为半径，作半圆，过圆心作南北线及东西线，在圆周上标明方位角。

（3）找点连线：从0°～9°一组开始，按各组平均走向方位角在半圆周上作一记号，再从圆心向圆周上该点的半径方向，按该组节理数目和所定比例尺定出一点，此点即代表该组节理平均走向和节理数目。各组的点确定后，顺次将相邻组的点连线。如其中某组节理为零，则连线回到圆心，然后再从圆心引出与下一组相连。

（4）图面整理：写上图名、比例尺等。

节理倾向玫瑰花图、节理倾角玫瑰花图的绘制方法与走向玫瑰花图类似。

2. 节理玫瑰花图的分析

玫瑰花图是节理统计常用方式之一，作法简便，形象醒目，比较清楚地反映出主要节理的方向，有助于分析区域构造及节理产状分布特征。最常用的是节理走向玫瑰花图。

分析节理玫瑰花图，应与区域地质构造结合起来。因此，常把节理玫瑰花图，按测点位置标绘在地质图上。这样能清楚反映出不同构造部位的节理与构造（如褶皱和断层）的关系。综合分析不同构造部位节理玫瑰花图的特征，就能得出局部应力状况，甚至可以大致确定主应力轴的性质和方向。

走向节理玫瑰花图多应用于节理产状比较陡峻的情况，而倾向和倾角玫瑰花图多用于节理产状变化较大的情况。

3. 节理等密图的编制

节理等密图的优点是表现比较全面，节理的倾向、倾角和数目都能得到反映。尤其反映出节理的优势方位，缺点是作图工作量较大。作图原理可参考有关构造地质学书籍。现多由专业地质数据处理软件绘制，如 Rockscience dips 软件。

第二节 褶 皱

野外研究褶皱首先是进行几何学的观察，目的在于查明褶皱的空间形态、展布方向、内部结构及各个要素的相互关系，建立褶皱的构造样式。分析褶皱对区域地层空间分布样式的影响以及工程稳定性影响。

一、褶皱的组成要素

枢纽：同一褶皱面上最大弯曲点的连线，可以是直线也可以为曲线。

轴面：各褶皱面的枢纽连成的面，可为平直面，也可为曲面。轴面与地面的交线称轴迹。

翼：泛指褶皱两侧部位的地层。

转折端：指褶皱面从一翼过渡到另一翼的弯曲部分。

翼间角：两翼相交的二面角。

核：泛指褶皱中心部位的岩层。

二、褶皱分类

（1）根据翼间角大小可分为以下几种。

1）平缓褶皱：翼间角 120°～180°。

2）开阔褶皱：翼间角 70°～120°。

3）闭合褶皱：翼间角 30°～70°。

4）紧闭褶皱：翼间角 5°～30°。

5）等斜褶皱：翼间角近 0°。

（2）按褶皱枢纽产状可分为以下几种。

1）水平褶皱：枢纽产状 0°～10°。

2）倾伏褶皱：枢纽产状 10°～70°。

3）倾竖褶皱：枢纽产状 70°～90°。

（3）褶皱在横剖面上的形态。

1）根据轴面和两翼产状，褶皱可描述为：直立褶皱、斜歪褶皱、倒转褶皱、平卧褶皱、翻卷褶皱。

2）根据褶皱面弯曲形态，褶皱可描述为：圆弧褶皱、尖棱褶皱、挠曲、箱状褶皱、扇形褶皱。

（4）褶皱在平面上的形态。有圆形褶皱（穹隆和构造盆地）、短轴褶皱和线状褶皱。

（5）褶皱的位态分类。根据褶皱枢纽和轴面产状对褶皱进行位态分类（表 6-2）。

表 6-2　　　　　　　　　　　褶皱的位态分类

轴面倾角	枢纽倾伏角		
	水平（0°～10°）	倾伏（10°～80°）	近直立（80°～90°）
近直立（80°～90°）	Ⅰ 直立水平褶皱	Ⅱ 直立倾伏褶皱	Ⅲ 倾竖褶皱
倾斜（10°～80°）	Ⅳ 斜歪水平褶皱	Ⅵ 斜歪倾伏褶皱 Ⅶ 斜卧褶皱	—
近水平（0°～10°）	Ⅴ 平卧褶皱	—	

三、褶皱的野外观察和研究

（1）利用小比例尺的地质图、卫星照片、航空像片等来研究，首先确定区域的总体构架格架。

（2）利用岩石的原生（示顶）构造及次生构造正确判定地层新老关系。

（3）作一系列横过区域走向的剖面，研究地层接触关系，系统测量产状要素，准确求出褶皱轴的轴面产状，查明褶皱在空间上的形态特征。

第三节 断　　层

一、断层及其分类

断层是岩层或岩体沿破裂面发生明显位移的构造。断层可由断盘和断面构成，也可以由断盘和断带构成。

1. 断层分类

（1）按断层与有关构造的几何关系分类。根据断层走向与所切岩层走向的方位关系可分为：走向断层、倾向断层、斜向断层和顺层断层；根据断层走向与褶皱轴向之间的几何关系可分为纵断层、横断层和斜断层。

（2）按两盘相对运动分类可分为正断层、逆断层和平移断层及其过渡类型。

1）正断层：上盘相对下降，这类断层的倾角一般较大。

2）逆断层：上盘相对上升，当断层倾角小于 30°时称为逆掩断层。

3）平移断层：两盘沿断裂面走向相对移动的断层，大型平移断层称为走向滑动断层。

上述断层一般都不是单一出现的，往往既有上下运动，又有平移运动，或同一断层一端为正断层，另一端为逆断层而形成旋转断层。断层的总滑动距的侧伏角在 80°以上的断层属于正（或逆）断层，在 80°以下的属于平移断层，在 45°～80°之间的可称为平移～正（逆）断层，在 10°～45°之间的可称为正（逆）～平移断层。

2. 正断层组合类型

在同一地区断层往往是成群出现的，常见的有阶梯状、地堑、地垒、环状、放射状、帚状等类型。

3. 逆冲推覆构造

因挤压引起岩层褶皱（直立→斜歪→倒转→平卧），在倒转平卧褶皱的倒转翼因挤压拉伸撕开，顺断层面运移，这类称为褶皱推覆体；因挤压未发生褶皱（或未发生强烈褶皱），只有顺剪裂面发生位移，称为冲断推覆体，在挤压作用下引起的推覆叫逆冲推覆，简称推覆。以重力作用和伸展作用引起的岩块大规模的位移称为滑覆。

逆冲断层形成样式可分为：单冲型、背冲型、对冲型、楔冲型。

4. 走向滑动断层

大型平移断层一般称为走向滑动断层，此类断层一般倾角较陡或近直立，所以断层常呈直线延伸。

二、断层的野外识别

1. 断层的野外识别标志

野外断层识别是分析断层特征的根本要求。野外断层存在的标志有以下几点。

（1）地貌标志。断层崖、断层三角面、错断的山脊、山岭和平原的突变、串珠状湖泊洼地、泉的带状分布、水系特点。

（2）构造标志。线状或面状地质体被错移或突然中断；构造强化带～构造角砾岩、劈理带、牵引构造、擦痕、产状急变。

（3）地层标志。地层的重复和缺失。

(4) 岩浆活动与矿化作用。
(5) 岩相与厚度的急变。

2. 断层面产状的测定
(1) 在断层面上直接测定。
(2) 根据钻孔资料三点法确定。
(3) 利用地球物理勘探方法来确定。

3. 断层两盘相对运动方向的确定

(1) 两盘地质新老关系。分析两盘中地层的相对新老，有助于判断两盘的相对运动。对于走向断层，上升盘一般出露老岩层，或老岩层出露盘常为上升盘。但是，如果地层倒转，或断层倾角小于岩层倾角，则老岩层出露盘是下降盘。如果两盘中地层变形复杂，为一套强烈压紧的褶皱，那么，就不能简单地根据两盘直接接触的地层新老而判定相对运动。如果横断层切过褶皱，对背斜来说，上升盘核部变宽，下降盘核部变窄，对于向斜，情况刚好相反。

(2) 牵引构造。断层两盘相对位移时产生摩擦力，使断层两侧地层发生塑性拖曳和拉伸（图 6-1），从图中可以判别断层两盘相对位移方向。

图 6-1 根据断层两侧的拖曳褶皱形态判断断层的相对运动方向

(3) 擦痕与阶步。擦痕是断层两侧的岩块互相滑动和摩擦留下的痕迹。一般情况下擦痕光滑方向为对盘的运动方向，擦痕粗而深向细而浅的一端指示对盘的运动方向。还可利用擦痕起点的纤维状矿物确定运动方向。

阶步是因顺擦痕方向的局部阻力的差异或因断层间歇性运动的顿挫而形成的垂直于擦痕的小台阶，有阶步与反阶步之分。阶步台坎一般面向对盘的运动方向。

区分正阶步和反阶步可依据以下两点：其一，正阶步的眉峰常呈弧状弯转，而反阶步的眉峰则呈棱角直切；其二，如果阶步有擦抹矿物或在眉峰部位有压碎现象则常为正阶步。用阶步与反阶步来判别两盘运动方向见图 6-2。

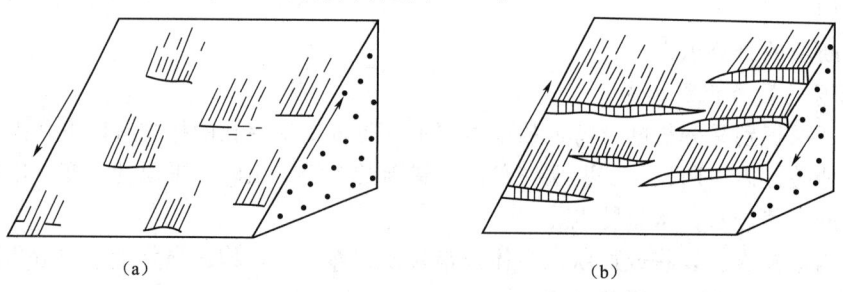

图 6-2 根据阶步和反阶步判断断层两盘相对运动方向
(a) 由摩擦形成的正阶步；(b) 由羽列剪裂隙形成的反阶步

(4) 羽状节理。

(5) 用断层的伴生节理及拖褶皱判别断层运动方向（图 6-3）。

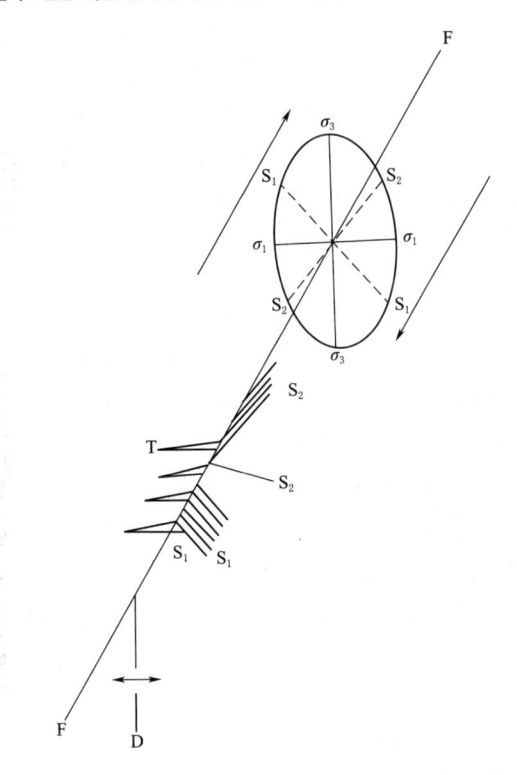

图 6-3 断层伴生节理与拖褶皱综合示意图
F—主断层；σ_1—应力场主压应力轴；σ_3—应力场主张应力轴；
S_1、S_2—伴生剪节理；T—伴生张节理；D—伴生拖褶皱

(6) 断层角砾岩。

(7) 断层两侧的拖曳褶皱（图 6-1）。

第四节 面 理

面理又称叶理、剥理，泛指岩石中因变质作用和变形作用形成的面状构造。这种面状构造经常斜交岩层的层理或早期的面状构造。相较于沉积岩的层理和岩浆岩的流面而言，面理属于变形变质作用的产物，属于次生构造。

一、面理的类型

根据形态结构、集合特征、变形基质和形成条件，将面理进一步划分为劈理、片理和片麻理三种类型。

二、劈理

劈理是一种将岩石按一定方向分割成平行密集的薄片或薄板的次生面状构造。其发育在强烈变形、变质的岩石中。

劈理具域组构，即劈理由微劈石和劈理域构成。表现为岩石中劈理域和微劈石相间的平行排列。

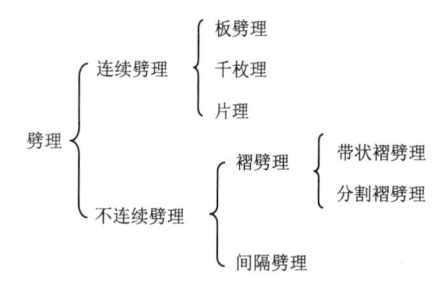

```
         ┌ 连续劈理 ┬ 板劈理
         │          ├ 千枚理
         │          └ 片理
劈理 ┤
         │          ┌ 带状褶劈理
         │   ┌褶劈理┤
         └不连续劈理┤    └ 分割褶劈理
                    └ 间隔劈理
```

图 6-4　劈理的结构形态分类

1. 劈理的结构形态分类

此种分类方法主要依据是，能否用肉眼鉴别出劈理域和微劈石而将其分成连续劈理和不连续劈理两大类型，再根据矿物粒径大小、劈理域形态、劈理域和微劈石关系进行细分（图 6-4）。

2. 劈理的成因结构分类

该分类方法主要根据成因并参考劈理结构进行，属传统劈理分类。

（1）流劈理：由片状、板状或扁圆状矿物或其集合体平行排列显示，具有使岩石分裂成无数薄片的性能。一般认为板劈理、片理、片麻理是不同变质岩类中流劈理的具体表现形式。

（2）破劈理：指岩石中一组密集的剪裂面，其定向与岩石中矿物排列无关。与剪节理的区别是发育密集程度和排列方式上的差异，二者之间无明显界线。但应说明的是，破劈理并非都是剪切作用引起，也可能有压溶作用参与。

（3）折劈理：也称褶劈理、应变滑劈理。是一组切过先存面理的差异性平行滑动面，早期构造面理是其发育的基础。滑劈理的微劈石中先存面理一般均发生弯曲，形成各式各样的揉皱，故常被称为褶劈理。

3. 观察判断劈（片）理与大型构造的关系

劈（片）理的形成除与岩性组合有关外，也与褶皱或断层在几何、成因上有着密切的关系。若将上述岩性组合特征与其发育的构造部位结合起来研究，将有助于查明大型构造的形态。劈理大致有以下几种类型。

（1）层间劈理：其类型和产状受不同层的岩石力学性质控制并受层间界面限制。形成机制与构造变形过程中的层间差异性滑动或塑性流变有关。在强弱相间的岩层中，一般在较软弱且韧性较强的岩层中发育板劈理，与层面交角较小，在褶皱中形成向背斜转折端收敛的反扇形劈理，在强烈挤压的同斜褶皱翼部，劈理甚至可以与层面基本平行；在比较强硬而脆性的岩层中，或不发育劈理，或发育间隔劈理，且与层面的交角较大或近于垂直。在褶皱中形成向背斜核部收敛的正扇形劈理。

（2）轴面劈理：常见于强烈褶皱的岩层中，其产状与褶皱轴面平行，多为板劈理或片理，与轴面一起代表了变形中的压性结构面。通常是在褶皱比较开阔的区段，其产状与两岩层斜交；而当褶皱紧闭程度达到同斜褶皱样式相同时则与两翼渐趋一致，仅在转折端处才能观察到二者交切关系。

（3）顺层劈理：顺层劈理是由代表压性结构面的板劈理或片理组成，与岩性分界面平行，上述轴面劈理若在变形强烈区段发育，亦可视为此种类型的构造。在多数露头上可观察到劈理与层理平行，只有在找到残余的褶皱转折端时方能区分层理与劈理。

（4）断层劈理：是伴随断层的形成而发育的一系列板劈理、间隔劈理或片理，其分布只限于断层带内及其附近。如与压性断层相伴生、平行于断层面的板劈理或片理，可形成动力变质带；受断层运动的派生应力场的作用，则可形成与断层面斜交的板劈（片）理或间隔劈理，并可根据其方位判断断层的相对运动方向。

三、片理、片麻理

片理和片麻理属于强烈变质作用下的产物，其特征见变质岩构造（表 4-9）。

面理构造是地质工作野外地质调查的重要结构面。地质调查中需要准确区分以上三种面理和层理及其岩石结构、几何形态、面理、层理产状。

第七章 实测地质剖面

第一节 实测地质剖面的内容和工作方法

一、实测剖面的目的及分类

剖面测绘是地质测量工作中的基础工作,一般放在地质填图工作的初始阶段进行,个别放在后期阶段进行,应依测区实际情况而定,按需要补测一定数量的剖面。

地质剖面是划分地层单元,建立填图区的地层层序,确定地层的地质年代,查明岩体的岩石学特征和单元划分,认识岩层的变形-变质地质特征,查明各种地质体的构造特征和相互关系等地质现象、地质内容的基础性工作。

根据地质调查中的地质剖面所测对象及分析研究的目的不同,地质剖面可分为以下几种。

（1）地层剖面：其目的是通过研究岩石物质及矿物成分、结构构造、古生物特征及组合关系、沉积建造、地层组合、变质程度等,建立地层层序、接触关系,确定填图单位。

（2）构造剖面：研究区内地层及岩石在外力作用下产生的形变,如褶皱、断裂、节理、劈理、糜棱岩带（韧性剪切带）的特征、类型、规模、产状、力学性质和序次、组合及复合关系。

（3）侵入岩剖面：研究侵入岩的矿物成分、含量及组合、结构构造、蚀变作用、原生及次生构造、侵入体与围岩的接触关系、岩相变化特征、侵入期次、时代及侵入体与成矿的关系。

（4）第四系剖面：研究第四纪沉积物的特征、成因类型、时代、地层厚度及变化特征、新构造运动及其表现形式。

（5）火山岩剖面：研究火山岩的岩性特征、与上、下地层的接触关系、火山岩中沉积夹层的建造、生物特征；火山岩的喷发旋回、喷发韵律,火山岩的原生构造和次生构造,确定火山岩的喷发形式、火山机构和构造。

（6）工程勘探线剖面：地质工程勘察中沿工程勘探线绘制的剖面图,反映一定方位上地质构造、岩性、风化、矿体特征。

二、实测剖面位置选择与布置原则

剖面选择：应选在地质现象发育完整、基岩露头良好的地段。

剖面布置：应基本垂直于区域地层走向或地质构造伸展方向。沿特定工程勘察方向的剖面无此要求。

三、实测剖面的基本方法和要求

1. 剖面踏勘

在剖面线基本选定之后,应沿线进行踏勘。了解露头连续状况、构造形态、岩性特征、地层组合、侵入岩的分布、种类、岩性岩相变化、接触关系、初步了解地层单元及填图单元的划分位置。在此基础上确定总导线方位。

2. 剖面测制中人员分工

野外工作一般需要5~8人。人员大致分工为：①地质观察、分层兼记录1人；②作自然剖面、掌平面图（航片）1人；③前测手兼填记录表1人；④后测手兼标本采集1人；⑤当组内人员较多时，记录和样品采集均可由专人负责。

3. 剖面比例尺的选择及精度要求

（1）剖面比例尺：根据剖面所要研究的内容、目的、岩性复杂程度、精度要求和实际情况而定。一般情况下比例尺为1∶500~1∶5000。

（2）剖面上分层精度的要求：原则上在相应比例尺图面上达1mm的单位（厚度）均需表示。但一些重要或具特殊意义的地质体，如标志层、火山岩中的沉积夹层等，其厚度在图上虽不足1mm，也应放大到1mm表示，并在文字记录中说明。分层间距按斜距丈量。

4. 剖面的具体施测

（1）地形剖面线的测量：有仪器法和半仪器法两种，仪器法由测量人员负责测制；半仪器法由地质人员测制，以罗盘测量导线方位和坡度，以皮尺或测绳丈量斜距。方向和坡角要用前、后测手测量的平均值，且要求两人测量数据差值不能过大。

（2）将测量数据和分层位置及时记入剖面记录表，并表示在平面上，二者相互对照互相吻合。剖面记录表见表7-1。

表7-1　　　　　　　　　　　　实测地质剖面记录表

区　　　　剖面编号　　　　剖面位置或起点坐标　　　　共　页　第　页

地质观察点号	导线号	导线方位角	导线距			坡度角+一	高差	累计高差	岩层产状及位置			导线方向与倾向的夹角	分层代号	分层厚度	累计厚度	岩层名称	标本编号	样品编号	备注
			斜距	平距	累计平距				倾向	倾角	距地质点距离								

参加人　　　　　　　　记录人　　　　　　　年　月　日

注　1. 应在所测量的产状上方标注"层""片""接""节""断"等简称，以表示"层理""片理或片麻理""接触""节理""断裂"等产状，填入第10、11栏。
　　2. 应在标本、样品编号前冠以相应的代号，以表示其种类，填入第18、19栏。

（3）沿剖面线用定地质点的方法将剖面起点、终点、转折点、重要地质界线、接触关系、构造关键部位等准确标绘在图上。

（4）分层及描述：根据剖面比例尺1mm表示的实际长度确定分层精度。如1∶1000

比例尺分层精度为1m。根据岩石的颜色、构造、结构、矿物（碎屑）组成特征对所测地质体进行分层和描述。

（5）居民点、河流、地形制高点、主要地物及勘探工程等，应适当标注于平面图和剖面图上。

5. 剖面图的绘制

剖面图的绘制常用的有展开法和投影法两种。导线方位比较稳定时多用展开法，当导线方位多变、转折较多时宜用投影法。

（1）展开法：展开法是将各次所拉的不同方向的导线按其水平长度移成统一方向的直线，也就是说将不同方向导线沿线观察的地质现象视为在一条直线剖面线上观测。

具体方法是据斜距和坡角圆滑连接各段导线。在导线方向与地层走向不完全垂直（交角小于75°）时，需要将真倾角换算成视倾角在剖面上表示。此法宜用于导线方位变化不大、比较稳定的情况下。该法比较简单，便于在野外绘制，缺点是将转折的导线展开，导致在剖面图上地质体的实际宽度偏大，地质构造的实际形态不准确。

（2）投影法：首先绘出导线平面图，并把各地质要素标绘到相应的位置上，构成路线地质图。投影基线方位与总导线方向（剖面总方位）一致。将地层沿走向延长到投影基线上，形成各地质要素与投影基线的交点，再将各交点垂直投影到与投影基线相平行的剖面图上，即为剖面上各地质要素的界线点。地形线是将各导线点位投影到基线上，再以基线的某已知高程根据各导线点的累计高程勾绘而成，此法也称为二次投影法（图7-1）。

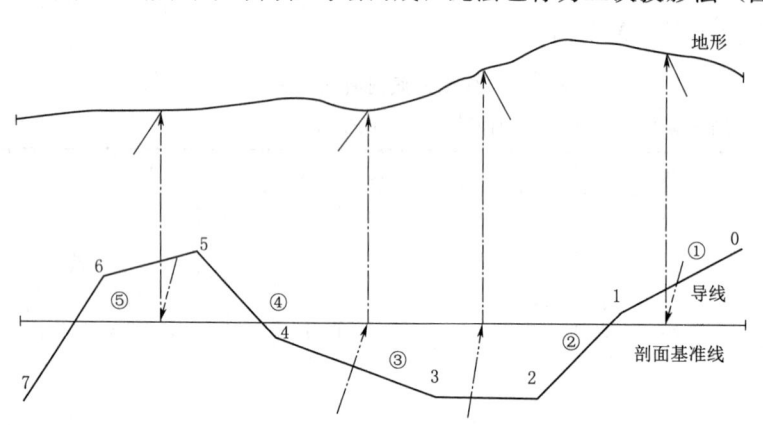

图7-1 二次投影法绘制剖面图方法

1、2、3、4、5、6、7—导线号；①、②、③、④、⑤—分层号

如果在导线方位转折不大，每条导线方向和剖面总方向基本一致，即和地层走向接近垂直，则可将平面图上地质界线与导线交汇点直接投影到剖面图上，进行剖面绘制，此法也称为一次投影法（图7-2）。

投影法绘制剖面图较展开法复杂，但仍可在野外绘制，成图后剖面上的地层厚度基本上反映了地层真厚度，构造要素和形态特征基本符合实际。缺点是剖面地形轮廓线有所歪曲。

关于投影基线的确定方法，在投影基线与剖面线总体方位相一致，即垂直或基本垂直

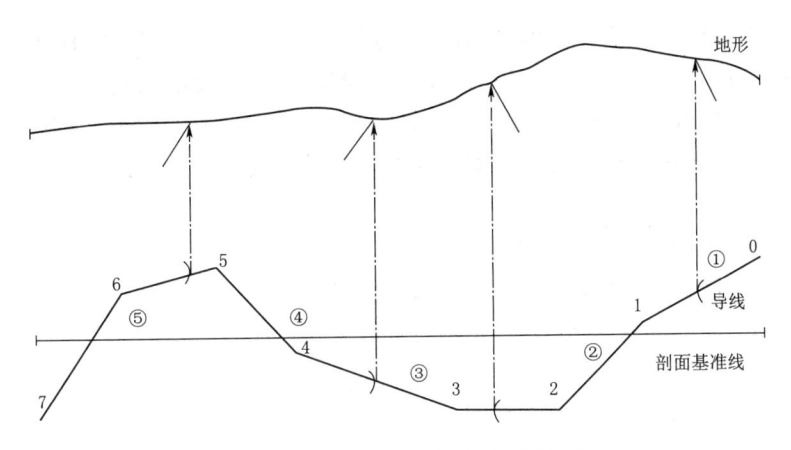

第一节 实测地质剖面的内容和工作方法

图 7-2 一次投影法绘制剖面图方法
1、2、3、4、5、6、7—导线号；①、②、③、④、⑤—分层号

地层走向的原则下，其常用方法有以下几种。

1) 投影基线通过各主要导线。

2) 导线起始点的连线。但必须是测量导线较均匀地分布在投影基线两侧。

3) 导线加权平均法求投影基线方位：投影基线方位大小等于各导线长度乘以方位角之和除以各导线总长度。求得基线方位值后，再选择投影基线通过主要导线的位置确定投影基线。

4) 几何作图法：依次连接各导线的中点，再连第一次连线中点，第二次连线的中点，最后形成一条直线，再通过该直线中点画一条垂直地层走向的直线，即为投影基线。

以上投影基线选定方法，以第 1 种和第 3 种最常用，作图者可依据所测剖面导线分布情况和地质实际自行选用。

(3) 地层厚度换算。

采用地层厚度换算公式计算：

$$D = L(\sin\alpha \cdot \cos\beta \cdot \sin\gamma \pm \cos\alpha \cdot \sin\beta) \tag{7-1}$$

式中 D——岩层真厚度；

L——斜坡距；

α——岩层真倾角；

β——地层坡度角；

γ——剖面线与地层走向的夹角。

地形坡向与岩层倾向相反时用"＋"，相同时用"－"。

地层厚度应分层计算。比例尺小于 1∶1000 的剖面，分层厚度取整数，大小 1∶1000 的剖面，厚度数值取小数点后 1 位。

绘制剖面时应注意以下问题。

1) 产状的有效控制距离要求在野外实测过程中，根据实际情况加以确定，以便室内计算厚度。

2) 同一向斜或背斜中，地层厚度采用地层较发育的一翼进行计算（柱状图中可表示岩性相变或说明厚度的变化，不可采用两翼岩层中较大厚度的单层建立柱状图）。

3）剖面上表示内容：岩性（以花纹表示）、产状（花纹表示视倾角，下方数字表示真产状）、地质点、导线点、样品代号、层号及地层代号、断层、褶皱、居民点及山峰水系名称等，在剖面上方按需要附构造特写素描图。分层界线可适当划长。产状指引线应指在量取产状的实际位置。

4）剖面图必须和投影基线相平行。

5）剖面图摆法：剖面的左端应为西、北西、南西、南；右端为东、南东、北东、北。

6）剖面图图面布局可参照图7-3。

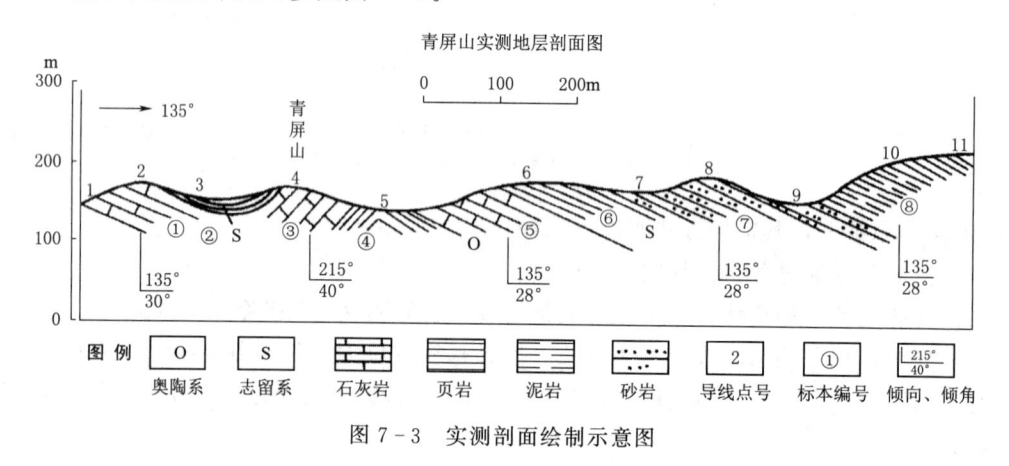

图7-3 实测剖面绘制示意图

第二节 实测剖面地质小结（总结）内容提纲

一、前言

（1）剖面测制的目的。

（2）剖面线位置、方向、坐标、长度、测制方法。

（3）工作起始、完成日期、工作单位及主要工作人员。

（4）完成主要工作量：剖面长度、工程工作量、标本××件、样品××件。

二、地质成果

（1）简述剖面测制区的区域构造部位及地层、构造特征。

（2）依不同时代，由老到新分别对剖面所见地层进行总结。

各地层可按地层组合总述其组合特征及其岩性、颜色、矿物成分、结构构造等岩石岩性特征，应详细阐明岩层之间的关系，特别是不整合接触关系。

（3）岩浆岩及脉岩的描述。

（4）构造：断裂构造、褶皱构造。分别描述其类型、性质、规模、形态特征、断层对地层连续性的影响。

三、存在问题

阐述本次实测剖面过程中有无遇到技术方法问题、人员配置问题等。

第八章 地质填图

第一节 地质填图概述

地质填图也称为地质测量，即将地表出露的各类地质体及地质界线按一定比例尺用各种花纹、颜色、符号绘制在地形图上的图件。地质填图是开展野外资源调查、地质防灾、环境保护的基础资料。地质填图是地质工作的一项重要内容，也是实习项目之一。学生根据前期对地质路线踏勘、实测地质剖面实习以及地质填图工作方法的学习，在老师指导下完成一定面积的野外地质填图练习。填图区具体位置由老师布置。

第二节 地质填图方法

一个完整的地质填图项目需要分阶段完成，主要有地质填图准备工作阶段、野外工作阶段、室内资料整理阶段、报告编写阶段。

一、地质填图准备工作

开展某地野外地质测量之前，应充分收集和阅读与工作区相关的各种资料，如工作区和相邻区前人工作成果、野外工作规范、地形图、航片、卫片等。进行野外踏勘，明确工作任务，编写设计书，做好组队及后勤支持。

二、野外工作阶段

1. 野外踏勘及实测剖面

为使参加地质测量的人员对区内地质情况有基本了解，统一认识，统一规范要求，全体工作人员需要对工作区进行联合踏勘。选择出露好、有代表性的地层剖面，确定各地层之间的接触关系及识别标志层。确定实测剖面位置，观察和研究区内主要褶皱和断层构造，查明侵入体类型、产状等。

2. 野外填图路线地质观察及填绘

首先，按地质填图规范要求及工作规程，进行野外填图路线布置。沉积岩、变质岩地区路线一般以穿越法为主，岩浆岩地区路线以追索法、穿越法相结合，重要地质体和构造可采用追索法。路线间距及点距大小按工作区工作规范要求执行。如1∶5万地质测量，路线间距500~700m，点距300~500m。重要地质界线需要有地质点控制。

(1) 手图野外地质定点。

1) GPS 全球定位系统定位。在中、中大比例尺地质测量中 GPS 定位以精度高、便利、数字化为特点。

2) 地质罗盘交会法定位。地质罗盘是野外地质工作必备工具，无 GPS 仪器或 GPS 仪器不能正常工作情况下，根据地形地貌特征使用罗盘后方交会法在地形图上定点。

3) 目估法定位。如果点位处有易识别的特征地形地貌、地物，可据此定点。一般情况下优先利用 GPS 仪器定位。

4) 测量仪器定位。在大比例尺填图中，若 GPS 仪器定点不能满足精度要求时，需要使用专业测量仪器定点。

（2）观测点的观察和描述。

1) 观察观测点露头情况，风化程度，判断露头可靠性，是否为转石。

2) 观察观测点及附近岩性特征、产状，确定各地质体之间接触关系。

3) 观察观测点附近的地质构造现象及几何特征，如褶皱、断层、节理、劈理等。

4) 测量各种地质产状要素，统计数据，如地层层面、断层、节理、劈理、枢纽、轴面、不整合面、侵入接触面、岩浆岩体有关的流面、流线等面状流动构造产状，以及断层宽度、岩层厚度、节理密度数据。

5) 观察观测点附近的地貌及第四纪地质、水文地质、工程地质现象。

6) 对重要地质现象需要绘制地质素描图，信手剖面图或摄影摄像。

7) 采集各类标本、试样。

8) 将所定地质点标定在地形图上，忌重号。

9) 将路线间观测的地质内容按统一图例标绘在地形图上。

10) 运用"V"字形法把野外露头的地质界线勾绘于地形图上，并标上各类产状。

在地质路线调查中，必须坚持实事求是的科学态度，全面收集第一手资料，工作中做到"勤敲、多看、多测、勤追、勤写"。记录内容忌带有主观性的取舍。加强点间观察研究，记录、掌握各地质现象在点间的变化情况。勤于思考，发现问题解决问题。

（3）对当日工作路线地质内容进行小结。

（4）观察点记录格式。

野外记录簿不允许随意涂改，若记录内容不妥时，可将原内容用笔划去。记录需用 2H 或 3H 铅笔书写，书写工整，字迹清楚，不允许使用圆珠笔和钢笔记录，当天记录整理完后，对数字性描述数据上墨，如点号、坐标、产状、标本编号、照片编号、试样编号等（图 8-1）。

观察点的点性有：界线点、构造点、岩性控制点、矿产点、地貌点、第四纪地质点及水文地质点等，不同点性点观察及描述内容侧重点不同。

1) 地质界线点。地质界线点包括正式填图单位、组的分界线、非岩石地层单位界限、不整合分界、侵入接触界线、变质带分界等。对地质界线点的记录描述应包括其两侧的岩性特征、产状要素、褶皱和断裂等构造特征；对不整合界线应记录描述不整合的类型及依据；对侵入体接触关系记录描述侵入接触、沉积接触、断层接触的依据、侵入岩产状、侵入期次和内外接触变质及交代蚀变、岩相带等特征；对变质岩界线记录描述变质岩类型、成分、残余构造、变质相及韧性变形和各种面理构造等。

2) 构造点。包括褶皱、断层、节理、面理及线理等构造形迹点，记录描述包括如下内容。

a. 地貌上的间接标志。

b. 直接标志。

第二节 地质填图方法

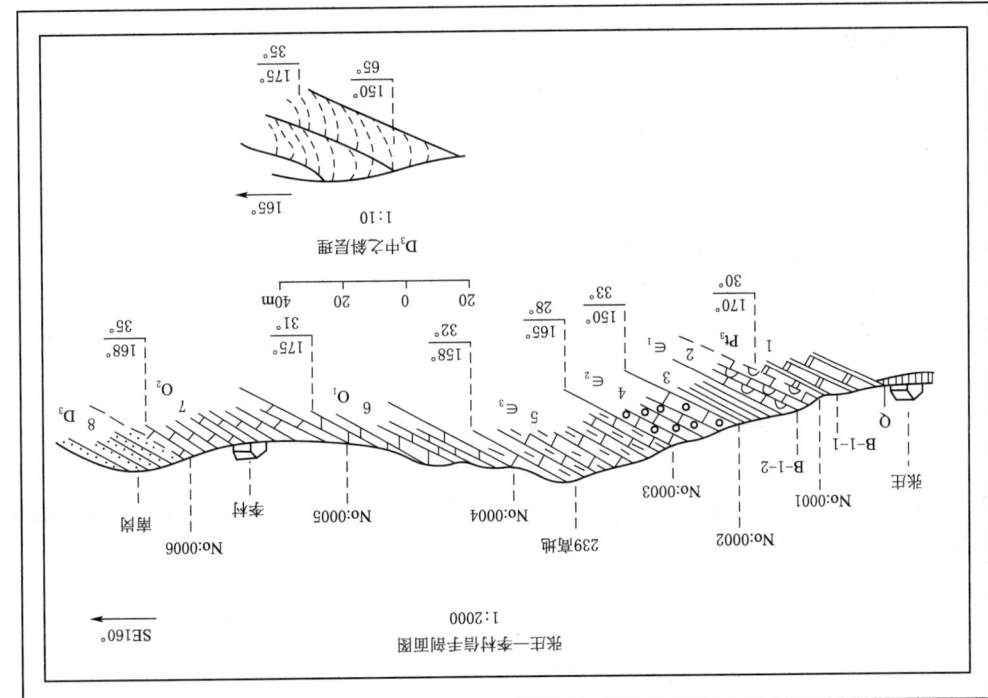

日期：2002年6月18日　　　　地点：大坂街　　　　天气：晴

路线1：基地—张庄—北岭—李村—南岗—基地	10
任务：观察描述∈₁—O地层的岩性、岩性组合特点、地层层序及接触关系；绘制信手地质剖面图；定地质点并勾绘路线地质图。	
人员：朱大江（记录），赵斌	
点号：No:0001	B-1-1
点位：位于张庄165°方向28m处公路旁	
坐标：X：　　　；Y：	
GPS：115°54′09″E，39°41′22″N	
露头：人工，良好	
点义：P₃与∈₁分界点（平行不整合接触）	
描述：点北为P₃（××组）大理岩，点南为∈₁（××组）豹皮灰岩	
××组	
1. 灰白色大理岩………………………………可见出露宽度约20m	
产状：170°∠30°	
××组	
2. 青灰色的豹皮灰岩：…………………………………………××m	B-1-2
产状：173°∠32°	
在该地层中采得寒武纪三叶虫化石，与下伏新元古代含叠层石大理岩直接接触，上下两套地层产状基本一致，其间缺失古风化壳存在，为平行不整合接触关系，其地标志……	
践线地质，向南观察约80m，可见……	
产状：172°∠31°	

图8-1　野外记录簿记录格式图示

c. 详细描述各类地质构造类型、形态、产状、规模、组合关系，分析其形成次序、形成时代以及地质构造与沉积作用、岩浆活动、变质作用及成矿作用等。

3) 岩性控制点。

当行进路线超过最大点距要求时增加一岩性控制点。需描述内容有岩石的颜色（原生、次生色）、物质成分、结构构造、产出状况及形成时代等。

对沉积岩还应描述：层面特征、层理、层厚、沉积旋回、化石及其种类、岩相及其变化等。

对火山岩还应描述：岩石类型、喷发韵律和喷发旋回、沉积夹层的情况，特别注意寻找夹层中的化石，作为确定地质年代的有力证据。

4) 矿产点。矿产点包括矿点、矿化点及采矿场，老窿、物化探异常点等。

对矿产点的描述包括：含矿岩系或与矿化有关的岩相带、变质带的特征；矿层、矿体或矿化的分布范围、产状、形态及其在地表延伸的情况；主要矿石的矿物成分、结构构造、矿石类型、有益组分和有害杂质以及找矿标志等。

5) 第四纪地质点。第四纪地质点描述内容有：沉积物的特征、厚度、空间分布（阶地类型）、成因类型、新构造运动、沉积物赋存的矿产，古风化壳、古土壤、古文化层（古人类化石和文化遗迹）特征等。

6) 地貌点。对地貌点描述的内容有：地貌的形态特征和分布状态（属几级夷平面），地貌与地质构造、岩性之间的关系及地貌的发展史等。

7) 水文地质点。水文地质点包括泉、井、塘、河流等。应描述岩石的富水性、分布范围、产状、埋深、地下水的补给及井、泉的类型（上升、下降泉）和水质、河流的流速、流量等内容。

(5) 资料整理。

1) 文图对照，核对野外记录和图件是否一致，若发现问题，均需回到现场查校，任何情况下都不允许凭主观臆断修改原始编录，不允许涂抹或擦掉，只能进行批注、补充。

2) 检查素描图，按规定填绘花纹图例和各种代号注记，发现问题及时检查校对。经检查修改后进行着墨。

3) 为了随时进行综合研究，除利用实测剖面外，必要时可以图切剖面。

4) 认真整理野外手图、实际材料图等。

5) 不断进行总结研究，发现问题及时纠正，野外工作结束时及时提交文字总结。

第三节　地质报告编写和图件清绘

野外地质工作完成之后，需要及时对野外工作成果进行分析研究、总结，编写地质成果报告及清绘有关地质图件。

第九章 3S 技术及应用

第一节 3S 技术概念

3S 是指以遥感 RS（Remote Sensing）、地理信息系统 GIS（Geography Information System）和全球定位系统 GPS（Global Positioning System）为主的、与地理空间信息有关的科学技术领域。目前，3S 技术已在土地资源调查、矿产普查、水利行业、地质调查、地质填图等方面取得了广泛应用。

一、地理信息系统简介

地理信息系统（GIS）是一种采集、存储、管理、分析、显示与应用地理信息的计算机系统，是分析和处理海量地理数据的通用技术。它在最近几十年间取得了惊人的发展，在地质行业，GIS 可以发挥非常重要的作用，已引起人们越来越多的重视。

1. 组成

从系统论和应用的角度出发，地理信息系统可分为四个子系统，即计算机硬件和系统软件、数据库系统、数据库管理系统、应用人员和组织机构。

2. 功能

地理信息系统的主要功能包括：空间数据的输入与编辑、空间数据的存储与管理、地理数据的操作和分析、图像显示与输出。

目前，国内地质行业应用较多的地理信息系统软件主要有美国 ESRI 公司推出的 ArcGIS 系列软件和武汉中地数码公司推出的 MapGIS 系列软件。

二、遥感概述

遥感（RS）不直接接触目标物，在距离地物几千米到几百千米、甚至上千千米的飞机、飞船、卫星上，使用光学或电子光学仪器（称为遥感器）接受地面物体反射或发射的电磁波信号，并以图像胶片或数据磁带形式记录下来，传送到地面，经过信息处理、判读分析和野外实地验证，最终服务于资源勘探、环境动态监测和有关部门的规划决策。通常把这一接收、传输、处理、分析判读和应用信息的全过程称为遥感技术。

1. 遥感平台

按遥感平台的高度分类大体上可分为航天遥感、航空遥感和地面遥感。

（1）航天遥感又称太空遥感，泛指利用各种太空飞行器为平台的遥感技术系统，以地球人造卫星为主体，包括载人飞船、航天飞机和太空站，有时也包括各种行星探测器。卫星遥感为航天遥感的组成部分，以人造地球卫星作为遥感平台，主要利用卫星对地球和低层大气进行光学和电子观测。

（2）航空遥感，泛指从飞机、飞艇、气球等空中平台对地观测的遥感技术系统。

（3）地面遥感，主要指以高塔、车、船为平台的遥感技术系统，地物波谱仪或传感器安装在这些地面平台上,可进行各种地物波谱测量。

2. 遥感的特点

遥感是从空中利用遥感器来探测地面物体性质的现代技术,相对于传统技术,它有许多特点。

(1) 探测范围大:航摄飞机高度可达 10km 左右;陆地卫星轨道高度达到 910km 左右。一张陆地卫星图像覆盖的地面范围达到 3 万多 km^2。

(2) 获取资料的速度快、周期短:实地测绘地图,要几年、十几年甚至几十年才能重复一次;以陆地卫星(Landsat)为例,每 16 天便可以覆盖地球一遍。

(3) 受地面条件限制少:不受高山、冰川、沙漠和恶劣条件的影响。

(4) 手段多,获取的信息量大:用不同的波段和不同的遥感仪器,取得所需的信息;不仅能利用可见光波段探测物体,而且能利用人眼看不见的紫外线、红外线和微波波段进行探测;不仅能探测地表的性质,而且可以探测到目标物的一定深度;微波波段还具有全天候工作的能力;遥感技术获取的信息量非常大。

(5) 用途广:遥感技术已广泛应用于农业、林业、地质、地理、海洋、水文、气象、测绘、环境保护和军事侦察等许多领域。

三、全球定位系统简介

随着全球定位系统(GPS)卫星定位技术的发展,因其可提供全天候实时、高精度三维位置、速度以及精密的时间信息,20 世纪 90 年代以来,已被广泛应用于陆地、海洋、空间和航天领域内各类军用和民用目标的定位、导航与精密测量,并已初步形成一个新兴的高科技产业。目前成熟的全球导航系统主要有 GPS(美国)、GLONASS(俄罗斯)、GALILEO(欧洲)和 BDS(中国)四大系统。

全球定位系统的特点如下。

(1) 全球、全天候工作:能为用户提供连续、实时的三维位置、三维速度和精密时间,并且不受天气的影响。

(2) 定位精度高:单机定位精度优于 10m,采用差分定位后,精度可达厘米级和毫米级。

(3) 功能多,应用广:随着人们对全球定位系统认识的加深,全球定位系统不仅在测量、导航、测速、测时等方面得到更广泛的应用,而且其应用领域还在不断扩大。

第二节 地质行业常用 3S 软件简介

一、地理信息系统类软件

1. ArcGIS 软件

ArcGIS 是由美国环境系统研究所 ESRI 公司开发研制的一套完整的 GIS 平台(图 9-1),基于该应用平台具有地理系统的开发、地理信息的浏览、地理数据的编辑、分析和存储及地理信息的发布等基本的地理信息功能,是目前市场上流行的 GIS 应用平台之一。

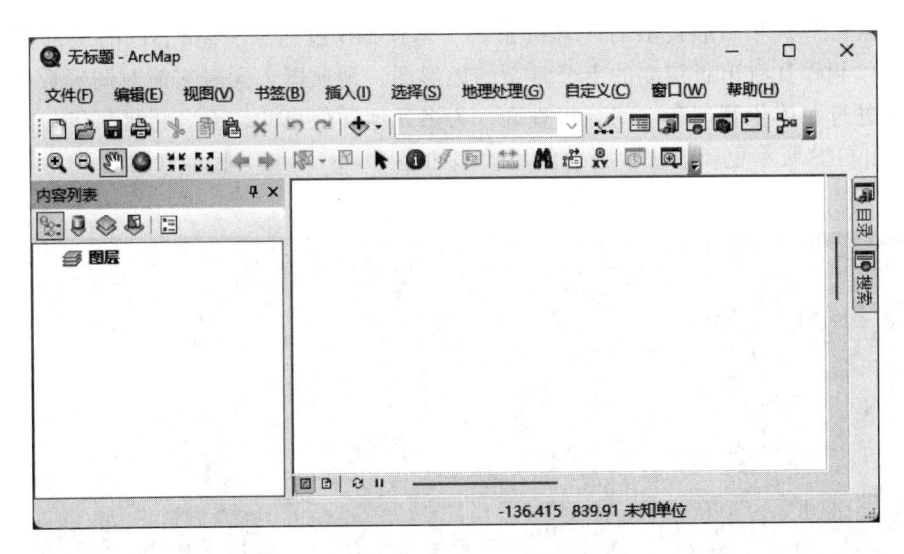

图 9-1　ArcGIS 主界面

2. ArcGIS Pro 软件

ArcGIS Pro 是 ESRI 面向新时代的 GIS 产品（图 9-2），是一个全新的 64 位桌面制图工具，它在原有的 ArcGIS 平台（32 位）上继承了传统桌面软件（ArcMap）的强大的数据管理、制图、空间分析等能力，还具有其独有的特色功能，如二三维融合、大数据、矢量切片制作及发布、任务工作流、超强制图、时空立方体等，可以同时在 2D 和 3D 中制作内容，实现了三维一体化同步。

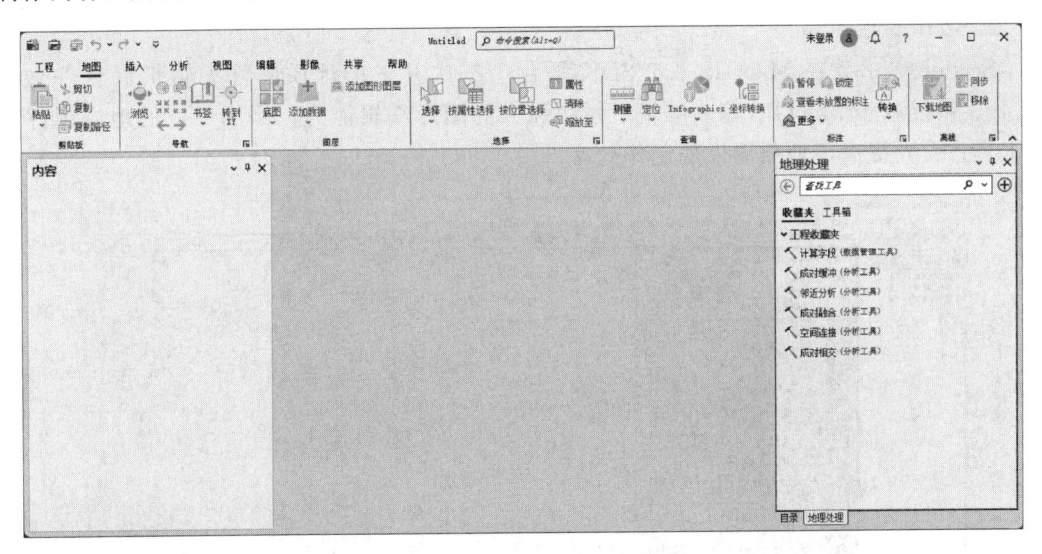

图 9-2　ArcGIS Pro 主界面

3. MapGIS 软件

MapGIS 是武汉中地数码科技有限公司开发的通用工具型地理信息系统软件，它是在享有盛誉的地图编辑出版系统 MapCAD 的基础上发展起来的，可对空间数据进行采集、存储、检索、分析和图形表示的计算机系统。MapGIS 包括了 MapCAD 的全部基本制图功能，可以制作具有出版精度的十分复杂的地形图、地质图，同时它能对图形数据与各种专业数据进行一体化管理和空间分析查询，为多元地学信息的综合分析提供了一个理想的平台。MapGIS 版本更新较快，目前使用较多的是 MapGIS 6.7 版本（图 9-3）。

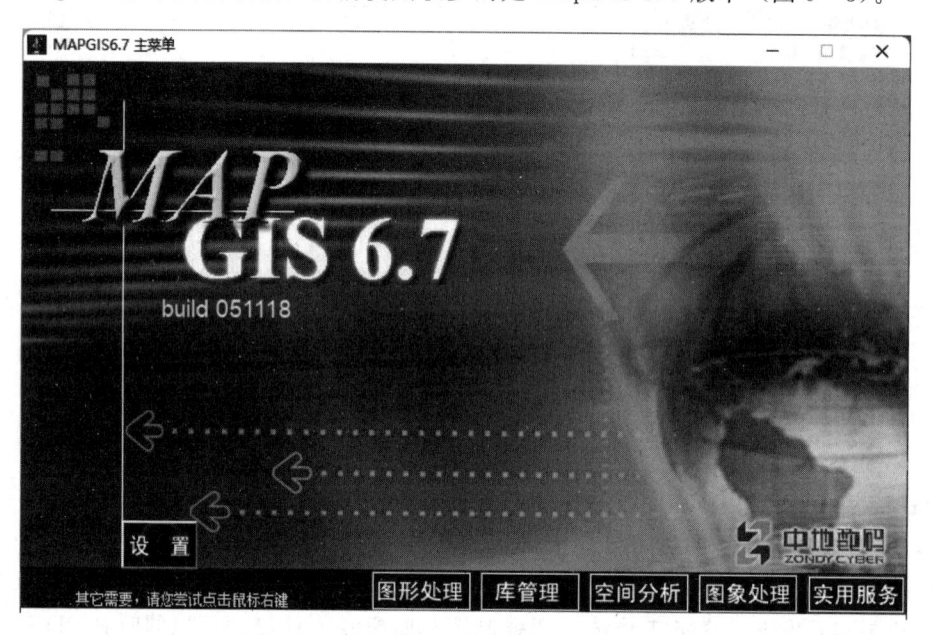

图 9-3　MapGIS 主界面

4. Section 软件

Section 是一款在 MapGIS 6.7 SDK 平台上二次开发的地质图件编辑扩展软件（图 9-4）。系统基于 MapGIS 输入编辑子系统强大的图形编辑能力，添加专业的地质图件制作工具，大大提高了地质图件的制作效率。

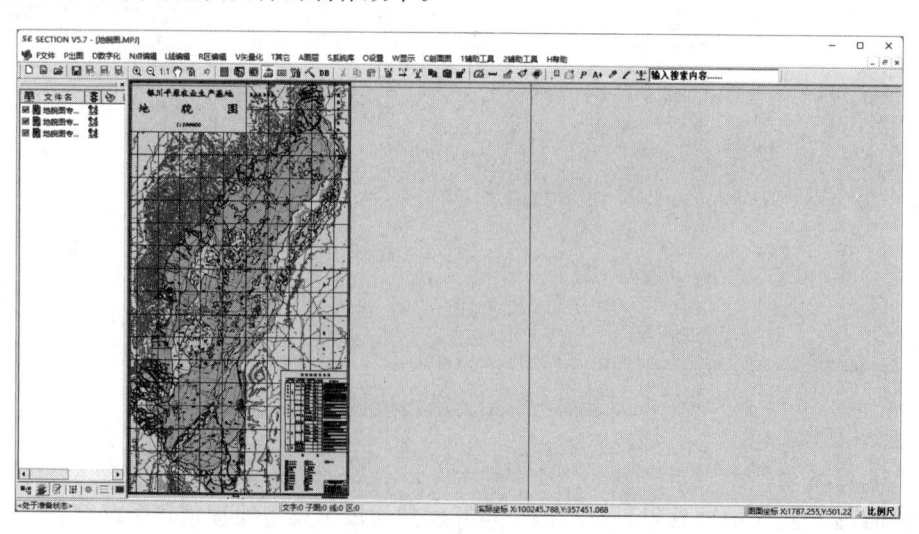

图 9-4　Section 主界面

二、手机端地理信息系统类 APP

1. 奥维互动地图浏览器

奥维互动地图浏览器是北京元生华网软件有限公司推出的一款跨平台的地理规划设计软件，在野外地质调查中得到了非常广泛的应用，该软件可在电脑端、手机端等多种平台上运行（图 9-5、图 9-6）。

图 9-5 奥维互动地图浏览器电脑端主界面

该软件具有如下特性。

（1）丰富的数据格式。支持分布的数据格式，如 shp、kml、txt、csv、dxf 等；也支持流行的三维数据格式，如 3ds、obj、dae、skp、slpk、osgb、3dtiles 等。

（2）便捷易用的数据处理。支持绘制点、线、面，支持 CAD、GIS 工程图、规划图的编辑展示。

（3）高效安全的数据管理。数据存储在设备本地，支持离线终端；支持点对点共享。

（4）高性能的渲染引擎。能够流畅的处理超大规模的数据。

该软件主要功能如下。

（1）外业调查与图上作业。可以使用奥维平台提供的绘图工具做标记、画红线、圈地块，外业采集数据，也可以测量地物之间的距离和地块的面积。在奥维中绘制的数据，可以添加模板化属性备注，丰富标记、图斑信息。

（2）地图与高程。可以自由切换地图在线浏览、下载地图离线浏览。此外，还可以导入高清航拍图及其他平台发布的地图源，作为自定义地图。支持导入高程 DEM 数据，帮助

图 9-6 奥维互动地图浏览器手机端主界面

构建地形级实景三维。

(3) 定位与轨迹巡检。可以使用奥维在野外实时定位、查看当前位置的坐标、记录轨迹，可以辅助完成地质调查工作。

(4) 规划设计图纸展示。支持与 CAD、ArcGIS 等规划设计软件交互，实现 CAD 图纸、GIS 规划图纸、GPS 坐标点展示与编辑。兼容分布的数据格式，如 shp、kml、txt、csv、dxf、gpx 等。

(5) bim 与实景三维。支持加载大型倾斜摄影、bim 模型，数据格式包括 3ds、obj、dae、skp、slpk、osgb、3dtiles 等，可实现城市级、部件级实景三维的构建。

(6) 数据跨平台共享。团队成员使用奥维绘制的数据，可以实现不同终端、团队成员共享，协同作业；支持发送即时消息，沟通交流无障碍。

2. 91 卫图助手

91 卫图助手是一款与奥维互动地图浏览器功能类似的软件，同样具有电脑端、手机端等多种平台（图 9-7、图 9-8），在此不再赘述，可以根据实际需要选择使用。

三、坐标转换软件

在实际工作中，往往会接触到采用各种坐标系的图纸和资料，例如，由于历史原因，我国以前的图纸和资料普遍采用"1954 年北京坐标系"和"1980 年西安坐标系"，而现阶段野外地质调查中广

图 9-7 91 卫图助手手机端主界面

图 9-8 91 卫图助手电脑端主界面

泛使用的手持 GPS 默认采用的是"WGS84 坐标系",新的图纸和资料按照国家要求采用"2000 国家大地坐标系",为了将各种成果资料统一到一个坐标系下,需要进行坐标转换。

坐标转换的原理和公式比较复杂,通常采用专业软件进行转换,常用的地理信息系统软件如 ArcGIS、MapGIS 都具备相应的功能和模块,广州中海达公司推出的"HDS2003 数据处理软件包"附带的 COORD GM 坐标转换软件(图 9-9)、"HGO 数据处理软件包"附带的 CoordTool 坐标转换软件(图 9-10)体积小巧,功能强大,可以方便地进行地图投影、各种椭球转换(如"1954 年北京坐标系"、"1980 年西安坐标系"、"WGS84 坐标系"、"2000 国家大地坐标系"等)、平面转换、高程拟合、换带计算等,既可以单点转换,也可以多点以文件形式批量转换,应用比较广泛。

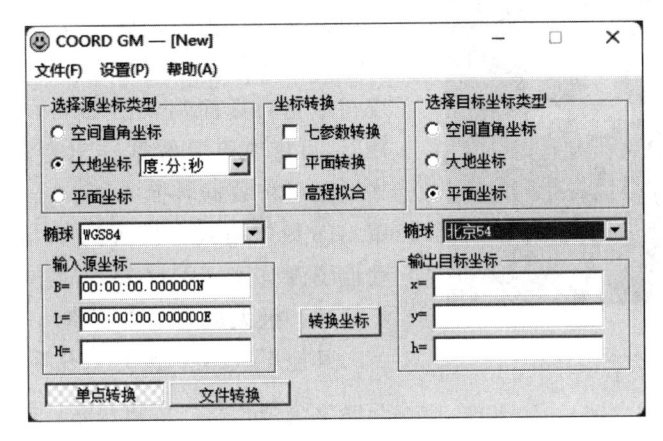

图 9-9 COORD GM 主界面

图 9-10 CoordTool 主界面

第三节 GPS 手持机简介

随着全球定位系统技术的飞速发展,目前野外地质工作定点已经普遍采用 GPS 手持

第九章 3S 技术及应用

机，相比传统地质罗盘具有精度高、可存储数据、可规划导航等优点，下面以集思宝 G130BD 手持机为例简单介绍使用方法。

集思宝 G130BD 是北京合众思壮科技股份有限公司推出的一款多星座多功能专业 GNSS 手持机，支持 GPS、北斗、GLONASS 卫星等多种全球卫星导航系统（图 9-11）。

该手持机支持北京 54、西安 80、WGS84、2000 国家大地坐标系等多种坐标系统，用户可以自由选择所需要的坐标系统，可以存储航点、航线、航迹等数据（利用存储卡），通过 USB 数据线与配套的桌面端 GIS Office 软件通信（图 9-12），可将航点等数据导出为常见的 gpx 数据格式，也可将数据转换为 shp、mif、dxf、csv 等通用 GIS 数据格式，导入到 91 卫图助手、奥维互动地图浏览器、ArcGIS、MapGIS 等软件中进一步处理，极大提高工作效率。

其他厂家品牌型号 GPS 手持机操作流程与此类似，大同小异，不再赘述。

图 9-11　产品界面

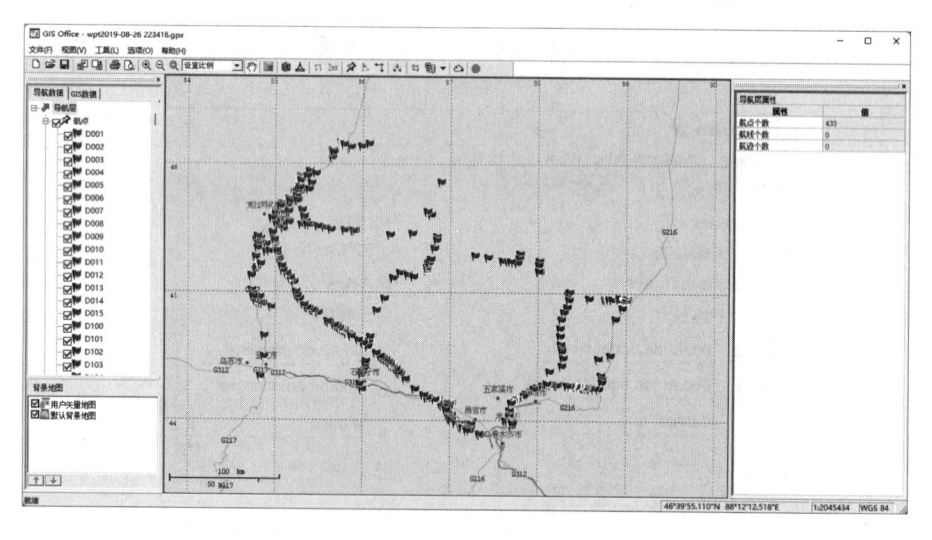

图 9-12　GIS Office 主界面

第二篇 济源教学实习区地质

第十章 自然地理概况

第一节 交通位置概况

济源市位于河南省西北部，东部为平原，与沁阳、孟县接壤；南濒黄河，与孟津、新安隔河相望；西与山西省垣曲为邻；北枕太行山，与山西省晋城、阳城搭界。地处东经112°01′~112°45′，北纬34°53′~35°16′之间。全市面积1893.76km²，其中山区面积1302.5km²，占全市总面积的68.8%；丘陵面积220.1km²，占总面积的11.6%；平原面积371.16km²，占总面积的19.6%。

境内有焦柳铁路和侯月铁路交会。二广高速公路和国道207由北向南穿境而过，济邵和济焦高速公路横贯东西，交通十分便利。

第二节 气候

济源市属暖湿带、半干旱大陆性季风气候，四季分明。由于受地形和季风的影响，气候地区性差异较大，总的特点是春季温暖多风，夏季炎热多雨，秋季天高气爽，冬季寒冷少雪。

据济源市气象局资料：济源市多年平均气温14.0℃，最热为7月，平均气温27℃，最冷为1月，平均气温为-1℃。1955—2015年多年平均降水量615.5mm，多集中于6—9月，占年总降水量的69.0%；多年平均蒸发量（换算成E601蒸发皿）855.3mm，最大蒸发量出现在5—8月，占年总蒸发量的50.6%；相对湿度平均为70%，无霜期年平均223天。

济源市区北部的太行、王屋山区使南北向气流受阻，而沿东西向山势流动。风向历年平均东风出现最多，盛行于初冬、秋季，频率为21%；秋末到冬初，多为西南风或西风，西北风出现次数少，频率为2%。年平均风速2.2m/s，冬季平均风速3.2m/s，夏季受大陆副高压控制，风速为1.6~2.5m/s。降水量的分布受地理位置和地形影响较大，一般由北向南递减，山区由低向高递增，山区降水多于平原和丘陵。

第三节 水文

济源市河流皆属黄河流域。

黄河干流自新安、垣曲迤逦而来，流经市境南部，汇纳黄河北岸十五条小支流，奔腾东去。其主要支流有逢石河、梦柏河、大峪河、砚瓦河、仙口河、大沟河、白道河等。这些支流，流向自北向南，基本上与黄河干流垂直相交。

蟒河为黄河北岸的一条支流，发源于山西省阳城县花园岭，流经济源、孟县、温县，于武陟入黄河，全长130km，流域面积1328km²，其主要支流有北蟒河、珠龙河和溴河。北蟒河为蟒河源头，蟒河口以上为深山区，两岸高山耸立，水流湍急。北蟒河至白涧村以下进入山前倾斜平原。枯水季节，全部潜入地下，成地下水流，群众称之曰"蟒不过涧"，下行12.5km至石露头水又潜出，流经市区北部，至河合村汇入蟒河。

蟒河流域设有济源水文站（原赵礼庄水文站），流域控制面积480km²，1959—2015年蟒河多年平均地表水径流总量为1.003亿m³/a。20世纪70年代以前径流量较小，平均为0.784亿m³/a，20世纪70年代以后，由于引沁济蟒渠的建成引水，径流量变大，平均为1.074亿m³/a，见图10-1。

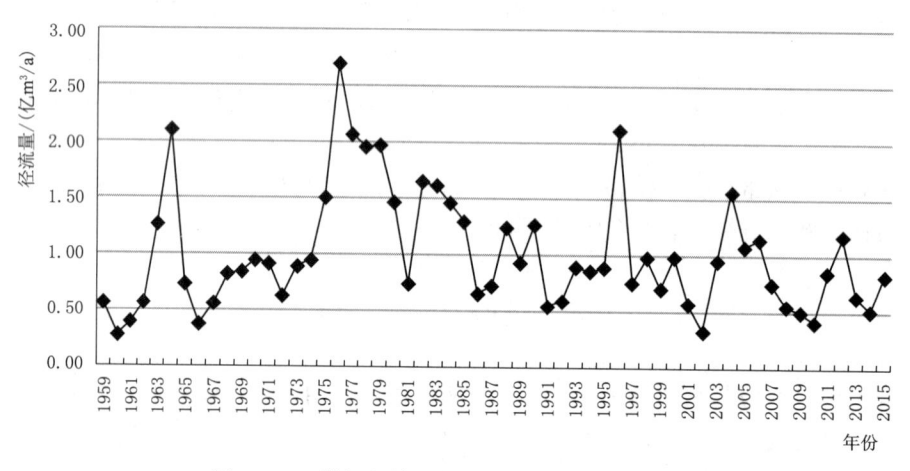

图10-1 蟒河赵礼庄水文站逐年径流量曲线图

珠龙河发源于盘古寺，流向自东向西，至原昌村沿孔山边缘南流，经西许、碑子、亚桥至河合村注入蟒河。

溴河上游由塌七河、五指河、虎岭河三条支流所组成，至三合村汇合后始称溴河，沿途又有石板河、王虎河加入，流经市区南部，至河合村与北蟒河、珠龙河相汇后，始称蟒河。溴河水量多，流量大，为蟒河洪水主要来源。北蟒河出山后，河床淤浅，宣泄能力弱，城区位于两河之间，每逢暴雨季节，对市区的安全威胁甚大。1982年汛期，蟒河南官庄、桃园、肖庄一带洪水漫溢，房屋倒塌，造成洪灾。

沁河发源于山西省长治市沁源县霍山南麓的二郎神沟，由北向南流经山西省和河南省的部分地区。沁自济源市境东北穿过，沿途纳龙湾河、龙门河、盘玉河、白涧河之水，至五龙口出山后进入平原，在省庄村西由近南北转为近东西向，东去流向沁阳，于武陟县注入黄河。沁河五龙口水文站，控制流域面积9245km²，1953—2015年多年平均地表径流量为8.2亿m³/a。20世纪70年代以前平均径流量15.56亿m³/a，70年代以后，由于引沁济蟒渠的建成和上游用水量的增加，径流量明显变小，径流量在5亿m³/a上下波动，年平均径流量5.03亿m³/a，见图10-2。

白涧河源于山西省泽州县陈庄北部一带，流向由北向南，在庄沟村东流入济源境，流经白涧、白龙庙、五龙口风景区、贺坡等地，境内河长8km，宽5～10m，流域面积

$31.2km^2$,平均年径流量 0.11 亿 m^3。

济源市水系及水利工程分布见图 10-3。

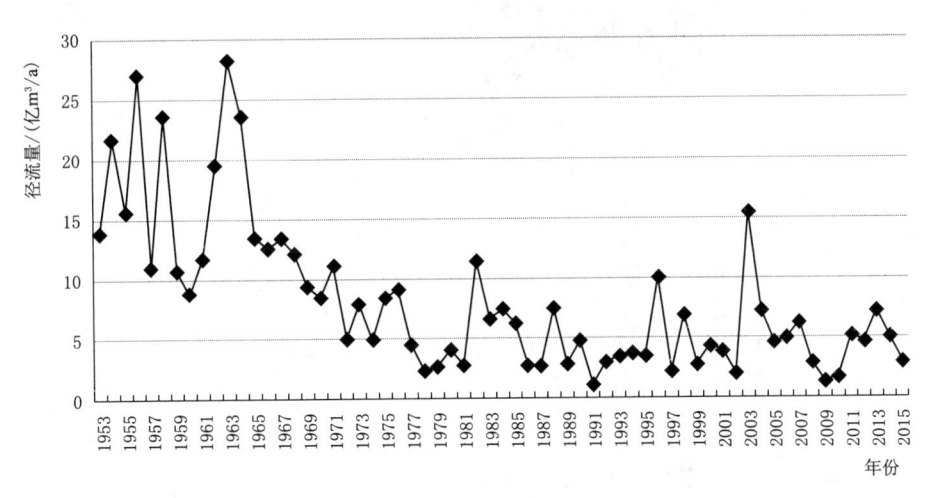

图 10-2 沁河五龙口水文站逐年径流量曲线图

第四节 地 形 地 貌

济源市地处黄河中下游,境内山多水多。总的地貌特征是北部、西部高,南部低,东部平,海拔高差悬殊。李八庄以东为山前倾斜平原,北部崇山峻岭,西部群山连绵,南部丘陵起伏,三面环山形成了西高东低的簸箕形盆地。地面向东及东南倾斜,坡度为 1/100～1/600,属华北平原的边缘地带。西北部的王屋山自北向南直抵黄河,北部的太行山自东向西与王屋山相接,南部为黄土丘陵地,山丘区占全市总面积的 80% 以上。

济源市基本以封门口断层为界。西北部的太行山区以太古界和元古界的片麻岩、石英岩与安山岩为主,岩石坚硬,抗风化能力强,山势陡峻,沟谷发育。东北部为太行山南麓余脉,地面标高 600～1000m,山脉多为东西向展布,主要由古生界寒武、奥陶系碳酸盐岩组成,山势陡峻,沟谷常垂直岩层走向分布,深切岩体。境内群峰矗立,沟壑纵横,地面切割严重。大小山头共计 2985 座,由西向东,绵延起伏,群山海拔高度约在 500～1100m 之间。其中,海拔 1711m 的王屋山主峰天坛山号称豫北群山之冠。西南部低山区大面积分布古生界二叠系的砂岩和泥岩,仅在东部出露有中生界三叠系的泥岩、砂岩和新生界古近系砂泥岩,丘顶浑圆,沟壑纵横,切割强烈。东南部的第四系中更新统黄土丘陵区,土层深厚、疏松、易遭冲刷,水土流失严重,形成残垣阶地,沟壑密布,地形破碎。东部平原区为蟒河和沁河第四系冲洪积倾斜平原,地层全部为第四系砂卵砾石、砂土、粉土和粉质黏土,地形平坦。详见图 10-4。

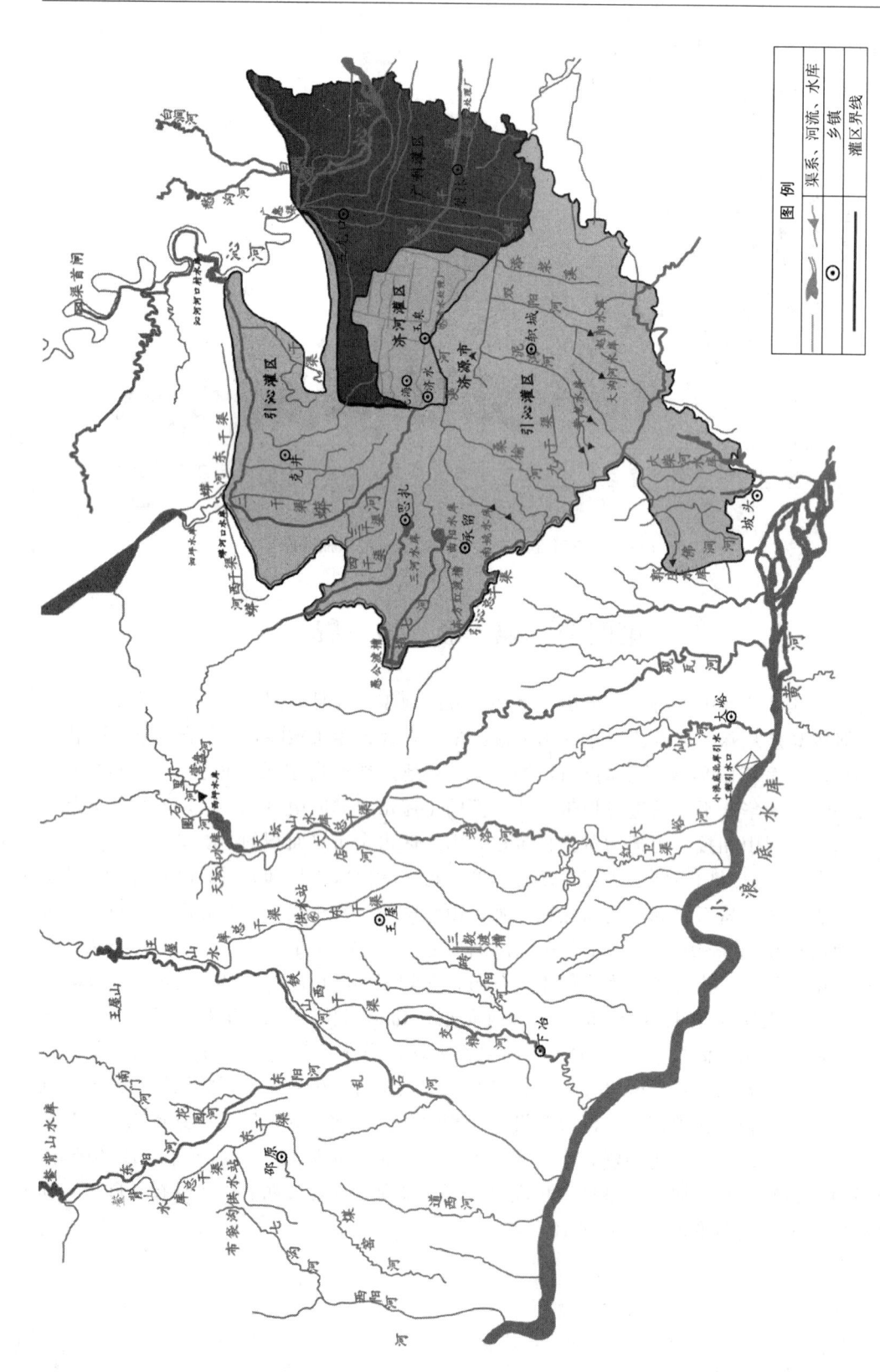

图 10-3 济源市水系及水利工程分布图

第四节 地形地貌

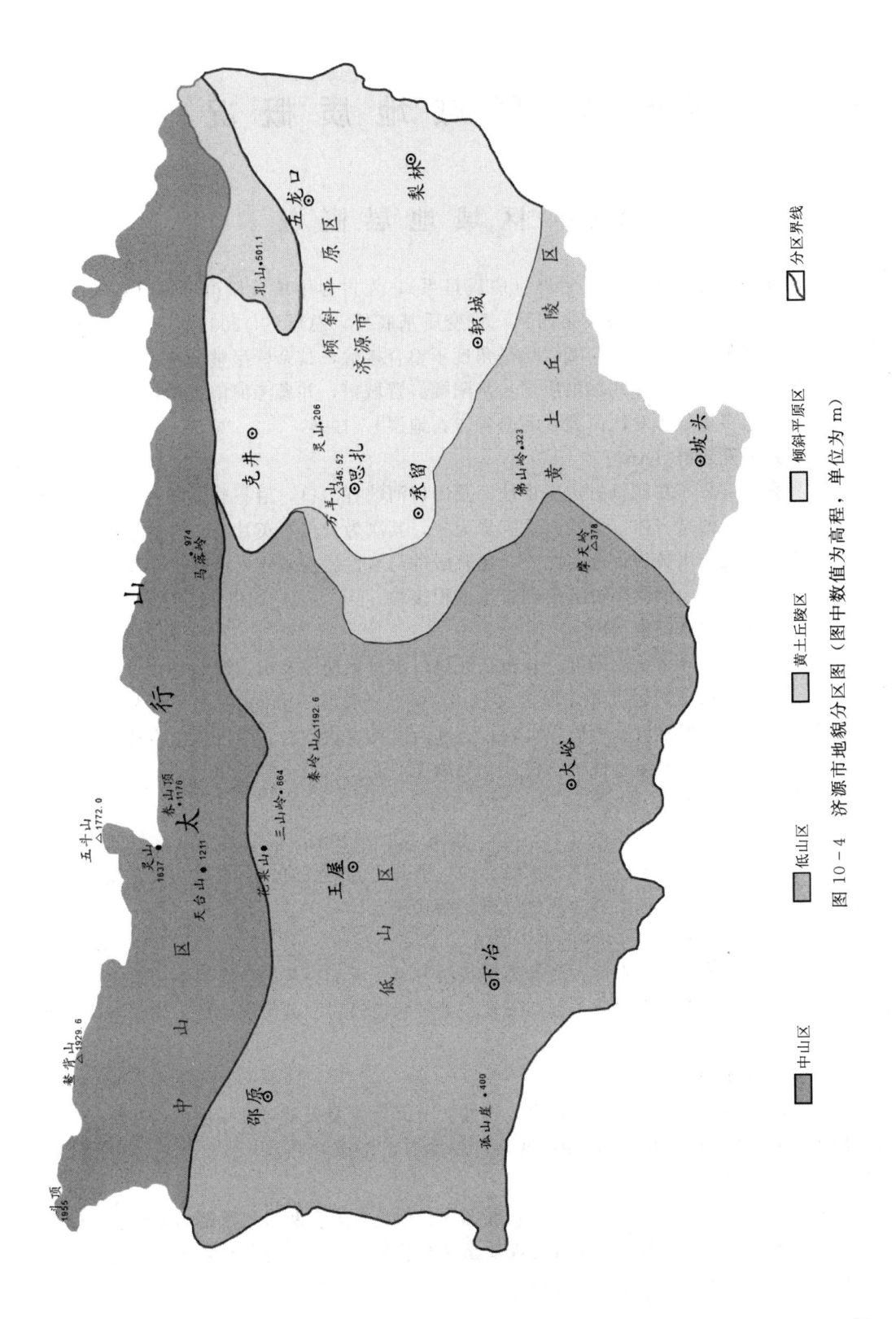

图10-4 济源市地貌分区图（图中数值为高程，单位为 m）

第十一章 区域地质概况

第一节 区域地层概况

区域出露地层有：太古界登封群（前震旦系）、元古界中统汝阳群（震旦系）、寒武系、奥陶系、石炭系、二叠系及第四系。除变质基底外，总厚约1200m。元古界中统汝阳群与太古界登封群、第四系与基岩均呈角度不整合接触，其余皆呈整合或平行不整合接触［地层划分依据1：20万区域地质图：洛阳幅、晋城幅，并参考河南省1：50万区域地质图及全国地层多重划分对比研究《河南省岩石地层》（1996）］。

一、太古界登封群（Ard）

太古界登封群分布在河口村水库坝址区及山口河峡谷出口，沿谷底出露，是一套经受区域变质作用形成的杂岩体，岩性以片麻岩为主，其次为云母石英片岩，含少量铁质石英碧玉岩，混合岩化作用较为普遍。此外，还有酸性与基性岩侵入体，产状呈小型的岩脉或岩株，与上覆元古界中统汝阳群石英砾岩呈沉积接触。

二、元古界中统汝阳群（Pt_2r）

区域仅出露元古界中统汝阳群，分布在河口村水库坝址区及山口河峡谷出口，沿谷底出露，为一套滨海相碎屑岩沉积。厚度2~48.2m，一般厚20m左右。下部为石英底砾岩；中部为含砾石英粗砂岩、粉砂质页岩；上部为石英岩状砂岩。受沉积前古地形的控制及后期侵蚀的影响，层厚与岩性皆不稳定，见图11-1。

三、寒武系（∈）

为一套浅海相碎屑岩—碳酸盐岩沉积，总厚420~470m，岩性与厚度比较稳定，与下伏元古界中统汝阳群呈平行不整合接触。中、下部为泥质灰岩、白云质灰岩及鲕状灰岩与页岩、黏土岩呈互层状；上部为灰色巨厚层鲕状灰岩。

1. 寒武系上统（$∈_3$）

主要分布于区域西部。岩性：底部为鲕状白云岩；下部为灰黑色厚层白云岩夹鲕状白云岩及泥质白云岩；中部为泥质条带白云岩、糖粒状白云岩、硅质团块白云岩；上部为泥质白云岩。厚243.95m。

2. 寒武系中统张夏组（$∈_2z$）

分布于沁河两岸及盘古寺断层带内。岩性：下部为薄层灰岩与黄绿色页岩互层（页岩局部相变为灰岩）；中上部为厚层鲕状灰岩。厚度138.80m。

3. 寒武系中统徐庄组（$∈_2x$）

主要分布于盘古寺断层带内。岩性：底部为灰绿色页岩夹灰岩；下部为紫红色—灰紫色页岩夹薄层砂岩及鲕状灰岩；上部为泥质条带鲕状灰岩、灰岩与紫红色、黄绿色页岩互层；顶部为一层豆状灰岩。厚146.89m。

4. 寒武系下统毛庄组（$\in_1 mz$）

分布于山口、白洞河沟口及盘古寺断层带内。岩性：底部为紫红色钙质砂岩；中部为紫红色页岩夹铁质砂岩；上部为泥质条带鲕状灰岩。厚50.46m。

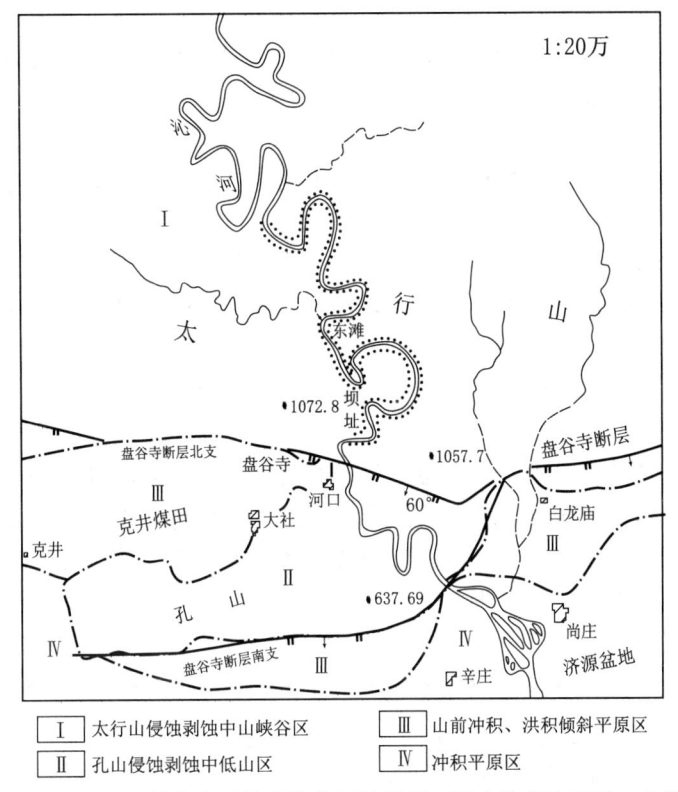

图11-1 沁河河口村水库区域地貌分区示意图（图中数值为高程，单位为m）

5. 寒武系下统馒头组（$\in_1 m$）

分布于山口、白洞河沟口及盘古寺断层带内。岩性为灰、青灰、黄、褐黄、紫红色薄—中厚层泥灰岩夹紫红色页岩、砂质页岩、灰白色泥质白云岩。厚83.62m。

四、奥陶系（O）

为一套碳酸盐岩沉积，与下伏寒武系呈整合接触。区内出露不全，厚度约350m，分布在库外太行山与孔山山顶。下部为灰黄色板状泥灰岩、灰色厚层含燧石结核粗晶白云岩、灰色细晶泥质条带白云岩；中部为紫红色砂质页岩、灰黄色薄层泥灰岩、深灰色厚层灰岩、白云质灰岩；上部为灰色厚层灰岩、白云质灰岩夹泥灰岩。顶部灰岩中发育古岩溶，被后期铝土质页岩与赤铁矿充填。

五、石炭系中、上统（C_{2+3}）

出露在库外克井煤田盆地与山口河峡谷出口，平行不整合于奥陶系（O）之上，为一套海陆交互相砂岩、页岩、灰岩互层沉积，夹铝土矿、黄铁矿、透镜状赤铁矿及煤层。灰岩中含黑色燧石结核及大量蜓科化石。露头零星，层厚不详。

六、二叠系（P）

区内仅出露山西组（$P_1 s$）与下石盒子组（$P_1 x$），岩性为黄绿色砂岩、页岩、泥岩夹煤层。分布在库外克井煤田盆地及山口河峡谷出口，露头零星，厚度不详。

七、第四系（Q）

分布在沁河、山口河河谷及克井煤田盆地，以角度不整合覆盖在基岩上。

1. 中更新统（Q_2）

为沁河古河道堆积物，厚约40m，分布在后沟一带山坡上，高出沁河水面180m，岩性为冲积、坡积交互相含泥卵石、砾石与岩块。

2. 上更新统（Q_3）

为冲积、坡积、滑坡及崩塌堆积物，岩性为漂石、卵石、岩块、碎石。在阶地上部通常覆盖一层厚度不等的砂质、粉砂质黏性土。

3. 全新统（Q_4）

为冲积、洪积、坡积及滑坡堆积物，岩性为岩块、碎岩、漂石、卵石及黏性土。

第二节 区域地质构造

大地构造上，按槽台学观点，济源市位于中朝准地台南部，与秦岭褶皱系相连；按地质力学观点，济源市处于秦岭东西向构造带、祁吕贺山字型构造及太行山新华夏系三大构造体系的交接部位，水库区则处于次一级构造体系晋东南山字型构造弧顶内侧与马蹄形盾地相毗邻的地带；而按断块构造观点，则处于华北断块南缘的二级构造豫皖断块与太行断块的交接部位，见图11-2。

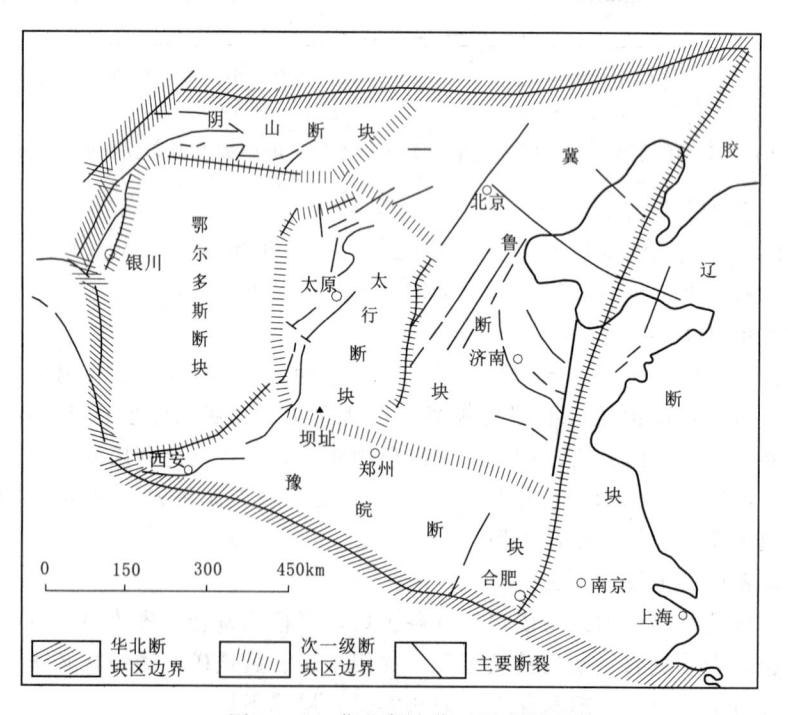

图11-2 华北断块分区示意图

区内主要构造形迹，是在以上构造背景下形成的。据调查，济源市广泛发育的是燕山运动以来形成的各种构造形迹。根据其成生联系、在空间的展布及排列关系上的规律性，主要有新华夏系构造、近东西向构造、近南北向构造、山字型构造和帚状构造等构造体系，构造纲要图见图11-3。

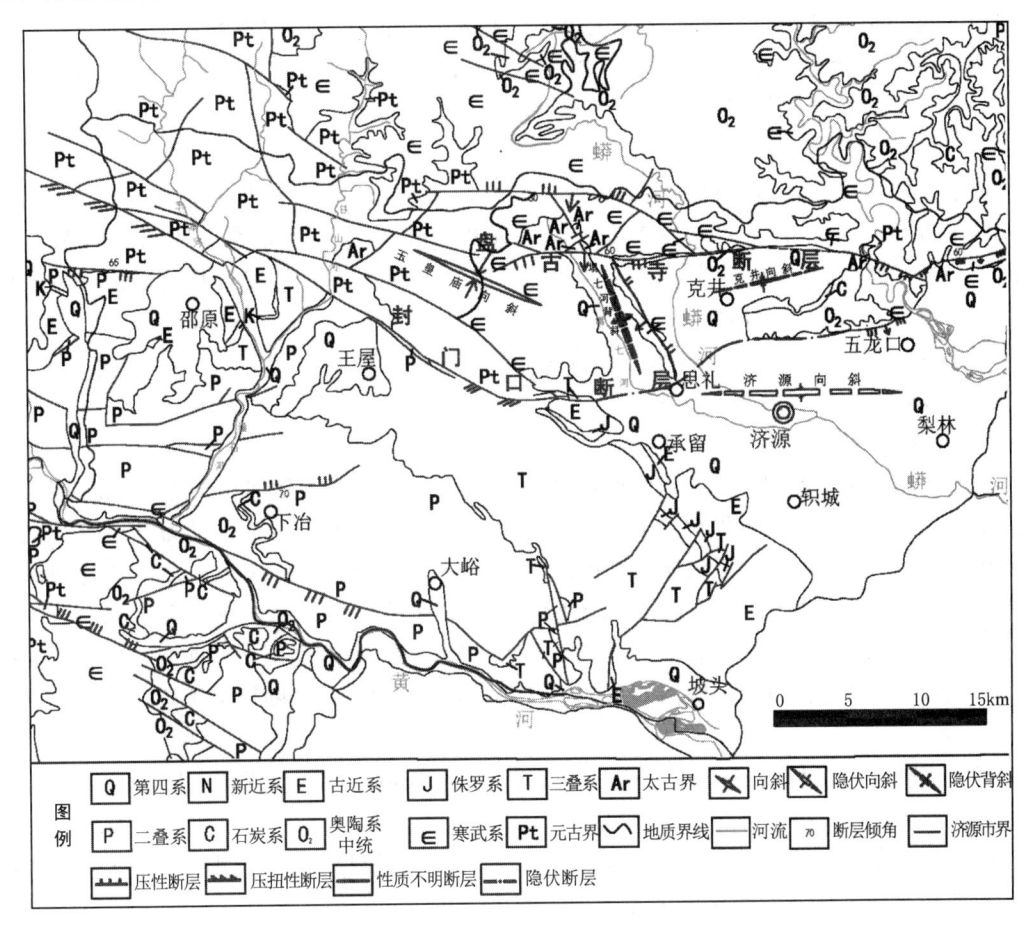

图11-3 济源市区域地质构造纲要图

一、褶皱

1. 济源向斜

位于济源市附近，西承留以东、孔山和泽峪之间，转折端大致位于西承留以北，向斜向东倾伏。南翼出露下第三系地层，岩层倾向北（北北东），倾角15°～20°，局部达30°；北翼仅在西许以北有零星的下第三系张庄组出露。向斜的槽部被第四系沉积物覆盖。

2. 克井背斜

据黄河小浪底水库区域构造纲要图，在济源市以北发育一背斜。该背斜位于河口村水库坝址区以南孔山一带，呈近东西向展布，延伸长度约10.0km。背斜西端在克井镇附近与五指岭断层相交，东端交于盘古寺断层南支。背斜核部出露地层为寒武系，两翼出露地层主要为奥陶系，其中北翼较完整，岩层倾角5°左右，南翼受盘古寺断层南支的影响，地层出露不全。

3. 克井向斜

位于济源市以北克井镇附近，西起玉皇庙，东延至克井镇以东，轴向近东西，长度约26.0km，宽度8~10km。槽部为二叠系地层，翼部地层为元古界中统汝阳群—石炭系。由于受四周断裂的控制，岩层产状变化较大。北翼受盘古寺断层的影响，仅零星出露寒武系上统地层，岩层倾向南，倾角20°左右。玉皇庙以西为向斜的转折端，岩层倾向东，倾角5°~10°；南翼岩层倾向北，倾角10°左右。

4. 太行山背斜

位于济源市以北，沿太行山呈近东西向展布，轴向近东西。其核部地层在河口村水库一坝线附近有出露，下部为太古界登封群、元古界中统汝阳群地层，出露高程最高为282m，上部为寒武系地层。背斜南翼被与之近平行的盘古寺（北支）断层切割，后被山前洪积扇覆盖；背斜北翼出露地层主要为寒武系，岩层倾角在背斜核部附近为10°左右，向北逐渐变缓为3°~7°。河口村水库库区位于该背斜的北翼。

二、断层

1. 封门口断层

为王屋山山前正断层。走向近东西，倾向南，倾角60°左右。延伸总长约32km。断层下盘为下元古界喷出岩和太古界混合岩，沿断层带附近有宽500~800m的动力变质带及铜矿矿化点；上盘为二叠~三叠系地层，在神沟附近还有下第三系平陆群地层，均无矿化现象及变质现象。此外，在下盘还有长轴平行于断层的下元古界的辉绿岩、花岗斑岩等小岩体分布。以上现象说明该断层形成时期很早，元古代时曾是一个切穿壳层的深断裂，具有左旋扭动及多次活动的特性。自燕山旋回以来，尤其是喜山运动以来，该断层继续活动。

2. 盘古寺断层

盘古寺断层是区域内规模最大，距河口村水库坝址最近的一条断层，断层总体呈近东西走向，延伸长度大于60km。断层沿太行山山麓展布，构成平原与山区的分界线。在山口河附近，该断层分为南、北两支，北支仍沿太行山山麓延伸；南支则沿孔山山前展布，没入第四系之中。盘古寺断层的分布情况见图11-4。

（1）盘古寺断层北支（F_1）。盘古寺断层北支（F_1），西端位于济源市以北克井镇附近，与区域性五指岭断层相交。向NE~E方向延伸，从河口村水库坝址下游跨过沁河。在盘古寺至李庄之间，F_1断层走向呈280°~300°展布，过李庄后与盘古寺断层南支相交，走向转为60°~70°，构成一个向南突出的弧形断带，航磁异常也反映了该地区呈一正异常的弧形带。断层在河口村水库附近出露长度约8km。

F_1断层沿太行山山麓分布，地貌标志明显，构成山区与平原的分界线（图11-5）。在太行山山麓，形成了规模巨大的洪积、坡积裙，延展至山麓以南2.5km。组成物质：前缘为壤土、黏土，后缘为灰岩卵石、漂石，局部被钙质胶结。

F_1断层面倾向南，倾角50°~70°，北盘上升，南盘下降，为正断层；断距数百米至千米，造成太古界（Ard）片麻岩与二叠系（P）煤地层或奥陶系马家沟（O_2m）灰岩接触，两盘岩层有牵引现象。断层面具倾向擦痕，破碎带宽十多米到几十米，断层带物质为含角砾断层泥、角砾岩，未胶结。F_1断层局部分叉，变为两条相邻的阶梯形正断层，

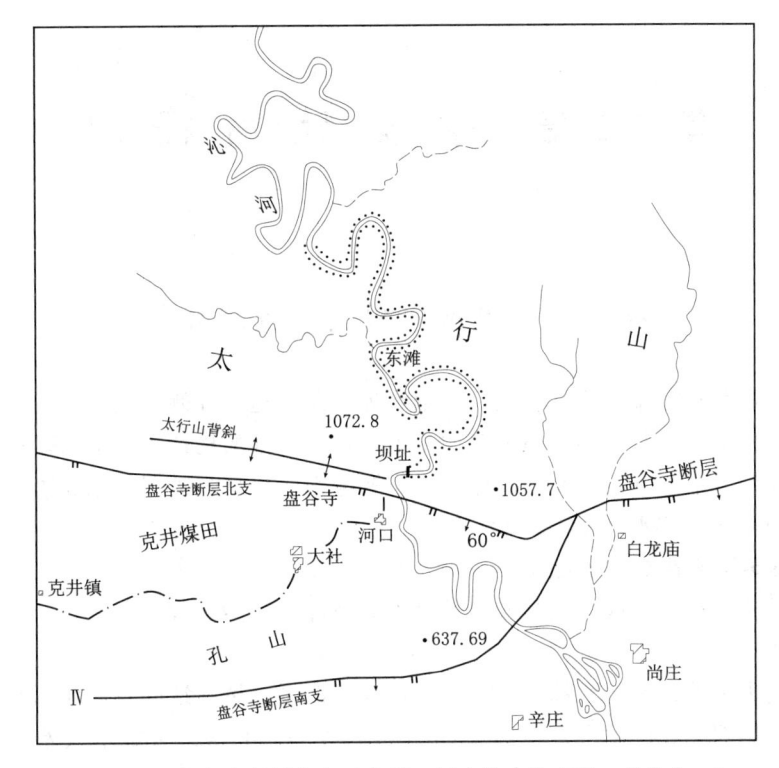

图 11-4 盘古寺断层分布示意图（图中数字为高程，单位为 m）

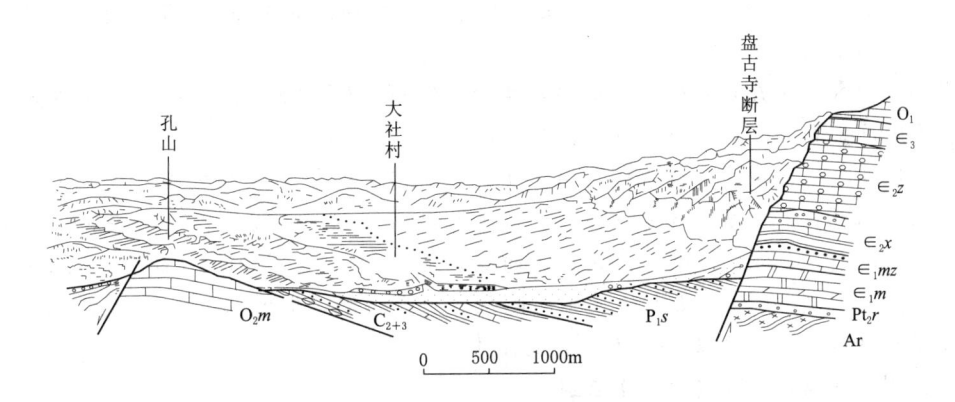

图 11-5 盘古寺断层与第四系山前洪积层素描示意图

破碎带连为一体，宽度增大。

（2）盘古寺断层南支（F_1）。沿孔山南麓山前展布，属正断层，距河口村水库坝址直线距离约 5.5km，构成孔山与平原分界，控制了第三系地层的分布。第四纪以来，平原地区仍继续下降［沁河出山口缺失冲积扇，河床覆盖层 10m 以下砂砾石层呈半胶结状，据济 3 号孔资料，第四系（Q）厚达 138m］。在五龙口一带，断层走向为 50°～60°，两端转为近东西向。据调查沿断层有温泉出露，在省庄热水井水温达 54℃。

第十二章　水文地质概况

第一节　含水岩组类型及其分布

地下水的赋存和分布主要受岩性、地形、地貌及构造的控制，其中岩性、地形、地貌为主导因素，构造起控制作用。根据济源市地形地貌、地质构造、地下水赋存条件和动力特征，将区内地下水划分四大类型：松散岩类孔隙水、碎屑岩类裂隙孔隙水、碳酸盐岩类裂隙岩溶水和基岩裂隙水（图12-1）。

一、松散岩类孔隙含水岩组

广泛出露于盆地平原区，据其成因可分为蟒河冲洪积型、坡洪积型。

1. 坡洪积型

分布于孔山南麓、盆地北部、东部，岩性为第四系中更新统碎石、卵砾石、粉土、粉质黏土，混杂堆积，总厚度小于100m。由于分选性差，其渗透性能也较差，单井出水量小于30m³/h，推算5m降深出水量小于1000m³/d。地下水位埋深较大，一般大于30m。集中供水意义不大，主要作为分散的人畜饮用水源。盆地东部局部已被矿坑排水疏干。

2. 蟒河冲洪积型

沿冲洪积扇轴线方向展布，含水层岩性为卵砾石夹砂，以砾石为主，一般厚度40～50m。单井涌水量840～3360m³/d，水位降深1.08～2.98m。

根据地层结构、时代，含水层可分为上、下两层：上层，层底埋深30～40m，含水层岩性为砂卵砾石，厚度10～20m，地层时代为Q_3；下层，层底埋深90m左右，含水层岩性为砂卵砾石，含泥，厚度20～30m，地层时代为Q_2。由于受断层影响，在青多二水厂水源地附近，其下层卵砾石与下伏中奥陶灰岩直接接触，形成"天窗"，孔隙水与岩溶水水位基本一致，水位埋深20m左右，见图12-2。

二、碳酸盐岩类裂隙岩溶含水岩组

碳酸盐岩类裂隙岩溶含水岩组，主要为中奥陶系灰岩和寒武系灰岩。寒武系灰岩主要裸露于北部山区。中奥陶灰岩广泛分布于克井盆地内（隐伏）、南部孔山及西部万羊山（裸露）。就供水意义而言，裸露型分布区面积较小，又处于低山区，地下水位埋深大，不宜开采，集中供水意义不大。

近年来，在隐伏灰岩区对裂隙岩溶水已进行了一定规模的开采，除克井村以东乔庄—河口村一带进行分散性开采外，有单位还在克井镇青多村一带进行勘察工作。

隐伏型灰岩分散开采区大体在北蟒河以东，中奥陶灰岩顶板埋深100m左右，最深180m（在盘古寺断层南盘苗庄井）。由于克井盆地的水利化程度较高，灌溉用水为引沁水，开凿的岩溶水井以供应生活用水为主，因用水量少，开凿深度较浅，未完全揭穿裂隙

第一节 含水岩组类型及其分布

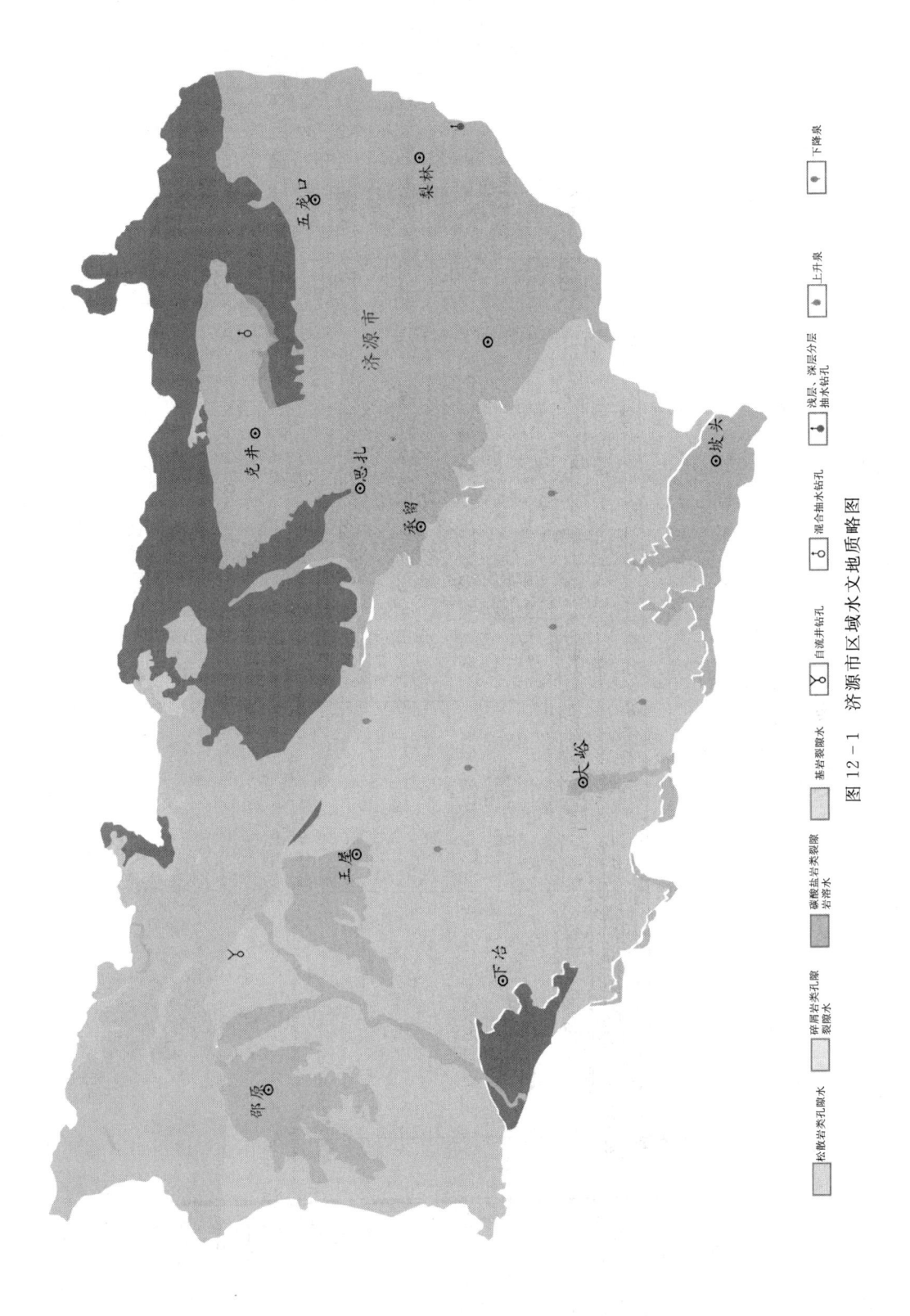

图 12-1 济源市区域水文地质略图

图 12-2 水文地质剖面图

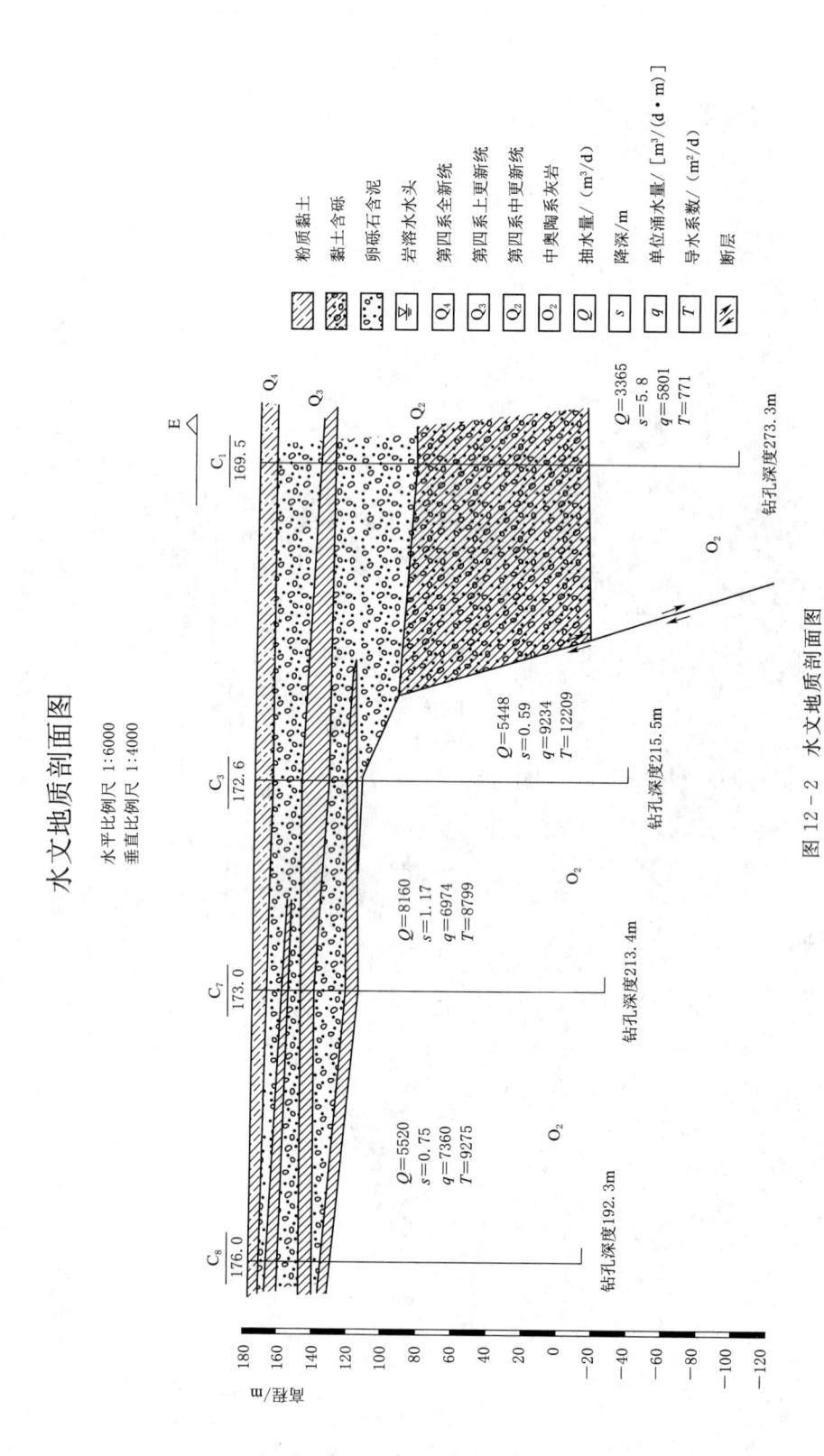

岩溶发育段，抽水所用水泵的出水量较小，多数井水位没明显下降，估算单井出水量均大于1000m³/d，在1000～3000m³/d之间，多具承压性质。如：河口水电站供水井，是供水电站20～30人生活用水井，据物探探测，250～300m岩石破碎，裂隙发育，井的出水量较大。但当钻机施工到161.5m时，经试抽水量为53.24m³/h，降深4.2m，单位涌水量12.68m³/（h·m），完全满足水电站用水要求而停钻成井，现安装1.5寸潜水泵抽水。

隐伏裂隙岩溶含水岩组的裂隙岩溶发育状况受构造影响，体现出极大的不均匀性，因而在单井出水量及导水性能方面，表现出极大的差异性。以克井镇青多村附近的9个岩溶水井为例，该地带位于五龙口断层的隐伏端，克井盆地的出口处，断裂构造错综复杂，井间距最大200m，最小50m，但出水量及降深相差很大，见表12-1。因此在此地带，裂隙岩溶极为发育，富水性极强，岩溶水呈承压状态，单井出水量最小的近3000m³/d，最大达8000m³/d以上，是裂隙岩溶水的储存、运移富集地段，也是极为有利的开采地段。

表12-1　　　　　　　　　青多村南岩溶水井出水量情况统计表

井号	井深/m	O_2顶板埋深/m	静水位/m	动水位/m	降深/m	涌水量/(m³/h)	单位涌水量/[m³/(h·m)]
C_1	273	187	14.40	20.20	5.80	140	24.14
C_2	250	71	16.70	23.30	6.60	120	18.18
C_3	214	79	17.36	17.95	0.59	227	384.75
C_4	219	63	17.35	17.78	0.43	227	527.91
C_5	248	82	16.20	18.17	1.97	230	116.75
C_6	163	65	13.70	13.80	0.10	230	2300.00
C_7	213	61	18.52	19.69	1.17	340	290.60
C_8	197	48	20.98	21.73	0.75	230	306.70
C_9	192	27	14.82	15.73	0.81	230	284.00

三、碎屑岩类裂隙含水岩组

该岩组在克井盆地中主要是石炭系、二叠系的砂岩、页岩、灰岩、泥岩等陆相、海陆交互相地层，在孔山北部有出露，大部隐伏于王才庄以东的克井盆地内。由于裂隙发育差，加之页岩、泥岩的相对隔水，富水性差，单位涌水量一般为0.5m³/(h·m)，最大2.3m³/(h·m)，单井出水量（推算10m降深）小于1000m³/d，无开采价值。该含水岩组主要通过小断层接受上部孔隙水的补给，以矿坑排水的形式排出。

四、基岩裂隙水

分布于济源市市域西北部（封门口断层以北）的中、低山区，主要为太古界和元古界的各类片岩、片麻岩、石英岩、安山岩等。属岩浆岩类和变质岩类分布区，虽构造裂隙、风化裂隙较为发育，但裂隙多被风化物充填，降水渗入量较少，且裂隙延伸不长，连通性差，又因多分布于基岩山区，侵蚀切割强烈，山高谷深，不利于地下水的补给和储存。虽然泉点分布较多，但受季节影响，可以视为地下水就地补给，多在当地排泄。富水性很差，泉水流量0.7～5.0m³/h。

第二节　地下水的补给、径流、排泄条件及动态变化规律

克井盆地地下水的补给来源主要有：大气降水入渗、引沁渠渠系灌溉回渗及河水侧渗补给。沁河水主要在河口村东部一带侧渗补给盆地内隐伏岩溶水。本节主要描述松散岩类孔隙水和盆地内中奥陶裂隙岩溶水的补、径、排条件及动态变化规律。

一、松散岩类孔隙水的补径排条件及动态特征

1. 补给

（1）大气降水入渗补给。克井盆地出露的地层为第四系卵砾石、砂砾石、粉土、粉质黏土等，对大气降水入渗极为有利。

（2）渠系渗漏及田间回渗补给。引沁济蟒渠衬砌较好，但由于克井盆地东部局部受煤矿采空塌陷的破坏，渠底出现最宽约5cm的裂缝，使渠水渗漏至地下补给孔隙水，局部通过小断层进入矿坑。（特别指出：引沁济蟒渠的渗漏是严重的，每当该渠放水时，不仅显著地增加了矿坑的排水量，浅井水位也迅速上升。）

渠水主要通过支、毛渠渗漏及田间灌溉回渗补给地下水。引沁济蟒渠于1972年修成，引水时间长，灌溉克井盆地的所有农田，实际灌溉面积3.36万亩，平均灌溉用水量2550万m^3/a。灌溉范围包括山前冲洪积扇区、坡洪积区。该区地表岩性以砂砾石、粉土为主，对入渗较为有利，浇地每亩需水$300m^3$。因支、斗渠没有衬砌，渗漏严重。对赵礼庄水文站1959—1993年降雨及蟒河流量资料进行统计（表12-2），结果表明，以1972年为界，在多年平均降水量略有减少的情况下，蟒河平均流量仍有较大增加，充分说明引沁济蟒渠对该区地下水补给的显著性。

表12-2　赵礼庄水文站1959—1993年降雨及蟒河流量资料

起止时段	平均降水量/mm	平均流量/（万m^3/a）
1959—1971年	647.0	8056.8
1972—1993年	609.0	12683.9

（3）河道渗漏补给。北蟒河为季节性河流，盆地内北蟒河河道均为卵砾石，每年的汛期有洪水流出山外，每年的非灌溉季节引沁渠向蟒河河道弃水，河水位高出盆地内浅层孔隙地下水位，非常有利于河道渗漏补给孔隙地下水。河水较小时，很难流出克井盆地，全部渗入地下补给孔隙水。

如2000年9月对蟒河的调查，9月20日引沁渠向蟒河河道弃水$2.5m^3/s$，到三樊村北不到5km全部漏失，未进入河道。9月24日济源普降大雨，蟒河口河水流量约5~$6m^3/s$（河水加弃水），9月25日到西露石头村东仅剩1~$1.5m^3/s$，大部分渗入地下。

从引沁渠蟒河管理处了解到，蟒河河道在雨季有水时间约2~3个月，引沁渠每年向蟒河弃水20~30天。

由此可知，蟒河河水和引沁渠的弃水对蟒河冲洪积扇区孔隙地下水的补给非常有利。

2. 径流

克井盆地区地下水接受大气降水、河水及渠系灌溉入渗的补给，由东向西、由北向南径流，地下水流向与地形倾向基本一致，在思礼—荆王—柿槟一线流出克井盆地进入济源

盆地。

3. 排泄

因克井盆地区水利化程度较高，灌溉用水开采地下水量较少。除上述径流排泄补给济源盆地地下水外，人工开采量主要供人畜生活用水。在克井盆地的出口附近，局部第四系卵砾石层与奥陶系灰岩直接接触，形成"天窗"，补给下伏岩溶水。在盆地出口下部，自来水公司一水厂集中开采孔隙水供济源市城市生活和工业用水。

根据对克井盆地矿坑排水情况的调查，矿坑水来自顶板，突水通道是小断层。顶板水为第四系松散岩类孔隙水，补给来源是大气降水、引沁济蟒渠的渗漏。由于矿坑底板有厚约10m的页岩阻隔，底板水（即奥灰岩溶水）对矿坑水的影响不显著。因此矿坑排水是第四系孔隙水的排泄途径之一。

4. 动态

由克井盆地出口处的 K_2 孔水位埋深动态曲线（图12-3）可知，松散岩类孔隙水的动态主要受大气降水影响，出现雨季集中补给，枯水期逐渐消耗，至下一年雨季能够得到恢复，基本处于动平衡状态。水位埋深15m左右，水位峰值滞后降水峰值2~4个月。

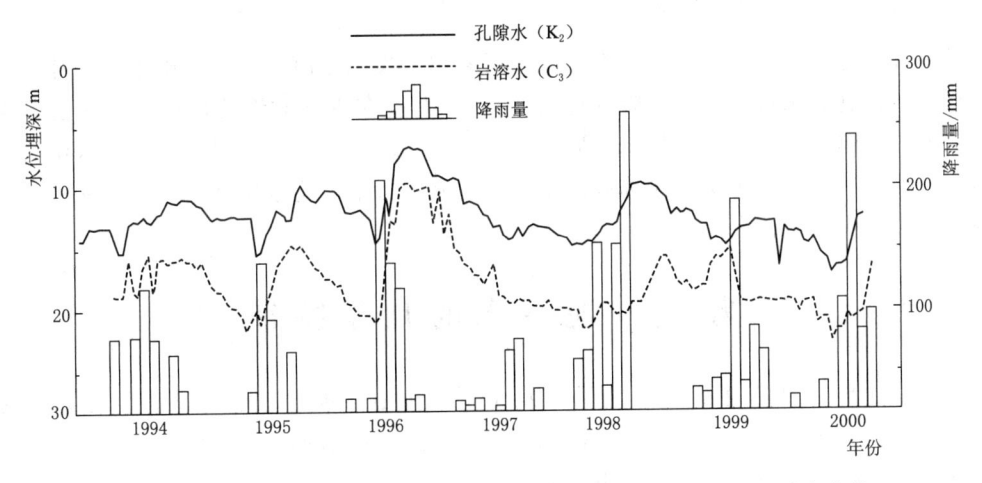

图12-3 济源市克井盆地1994—2000年地下水位埋深与降雨量动态曲线

二、裂隙岩溶地下水的补径排条件及动态特征

区域地层岩性、构造及其水文地质性质，不仅控制着克井盆地的形成和规模，同时也影响着盆地裂隙岩溶水的补径排和运移富集规律。

1. 补给

根据裂隙岩溶水的区域水文地质条件，盆地内裂隙岩溶水主要接受基岩裸露山区大气降水入渗补给、沁河河水侧向径流补给。

（1）大气降水入渗补给。北蟒河山区流域面积内的地层均为寒武、奥陶系碳酸盐岩地层，裂隙岩溶发育，极易接受大气降水入渗补给，向南径流补给盆地内隐伏裂隙岩溶地下水。因此北蟒河为季节性河流，地表径流较小，仅在每年的雨季有地表水流出山外。

孔山位于盆地南部，出露的地层为中奥陶系灰岩，垂向裂隙岩溶极为发育，极易接受大气降水补给。

（2）沁河河水侧向补给。沁河在盘古寺断层至五龙口断层间，出露的地层为中奥陶系厚层纯灰岩，裂隙岩溶极为发育，河床部分为冲积的漂卵砾石，部分河水直接在灰岩上流过，极易接受河水补给。由河口村附近的隐伏裂隙岩溶水井的实测水位可知，河水位高于岩溶地下水位，岩溶水接受沁河水侧向径流补给。

2. 径流

克井盆地隐伏的裂隙岩溶水，接受大气降水、沁河河水侧向径流补给，东部由东北向西南、西部由北向南径流，向盆地的出口汇集。在出口处裂隙岩溶含水层与上覆第四系孔隙含水层的下部直接接触，形成"天窗"，见图12-3，补给孔隙水后向南径流排泄进入济源盆地。

3. 排泄

克井盆地裂隙岩溶水的排泄途径有：一是在盆地的出口处，裂隙岩溶水直接排泄入孔隙含水层进入济源盆地；二是城市和生活用水开采，克井盆地水利化程度较高，农业灌溉以引沁水为主，对岩溶水的开采主要供盆地东部人畜生活用水，现自来水公司在青多村附近集中开采近2万 m^3/d，供济源市工业和生活用水。

4. 动态

从克井盆地岩溶水地下水位动态曲线中可看出，裂隙岩溶地下水在雨季接受补给，在枯水期逐渐消耗，水位峰值滞后降水峰值3~4个月。在克井盆地的出口处，水位埋深在15~20mm之间，处于动平衡状态，见图12-3。从2000年9月底对盆地岩溶水位的统测中可知，所有井的水位埋深与刚成井时水位埋深基本持平，均未出现下降，且9月底的水位还未达到最高水位。

第三节 地下水的化学特征

克井盆地地下水的补给来源主要是大气降水和沁河水（通过河道和引沁渠）的入渗（或侧渗）补给，无工业污染源。据1999年对沁河水质的检测，水质属清洁型，没有超地面水Ⅳ类标准现象，综合污染指数仅0.18。

一、孔隙水的化学特征

孔隙水的物理性质为无色、无味、无臭、透明，水温16~17℃。水化学类型为$HCO_3-Ca·Mg$型，矿化度0.2~0.5g/L，总硬度262.5~269.5mg/L，pH值7~8。

二、裂隙岩溶水的化学特征

裂隙岩溶水为无色、无味、无臭、透明，水温19.5℃。水化学类型为$HCO_3-Ca·Mg$型，矿化度0.26~0.29g/L，总硬度249~261.5mg/L，pH值7.5~7.8。

第十三章 水利工程概况

第一节 河口村水库

一、河口村水库概况

河口村水库是一座以防洪、供水为主，兼顾灌溉、发电、改善河道基流等功能，综合利用的大（2）型水利枢纽，工程位于黄河一级支流沁河最后一段峡谷出口处，下距五龙口水文站约 9km，属河南省济源市克井镇，是控制沁河洪水、径流的关键工程，也是黄河下游防洪工程体系的重要组成部分。坝址控制流域面积 9223km²，占沁河流域面积的 68.2%，占黄河小花间流域面积的 34%。坝址距济源市 22km，距右岸约 11km，有济（济源）阳（阳城）公路通过，且有低等级公路连接至坝址；左岸下游约 9km，有 207 国道和二广高速通过，并有乡间简易道路连接至坝址；坝址南距焦枝铁路约 9km，与济源市、洛阳市、焦作市和新乡市均有公路、铁路相通，对外交通条件较好。

河口村水库位于济源市河口村附近的沁河干流上，是黄河防洪体系重要的组成部分，也是河南省"十二五"规划拟建的大型水利枢纽工程，河口村水库工程规模为大（2）型，最大坝高 122.5m，总库容 3.17 亿 m³，工程设有大坝、溢洪道、泄洪洞、引水发电洞、电站厂房等建筑物。水库建成后，可减轻黄河防洪压力，同时将使南水北调总干渠穿沁工程达到 100 年一遇设计防洪标准，也可使沁河防洪标准由当前不足 25 年一遇提高到 100 年一遇。

沁河是黄河三门峡至花园口区间（以下简称三花间）两大支流之一，流域面积 13532km²，占黄河三花间流域面积的 32.5%。沁河洪水是黄河下游洪水的主要组成部分，沁河水资源是河南省豫北地区工农业发展的重要水源。

由于沁河缺乏控制性水库工程，沁河下游及豫北平原的防洪和水资源问题均十分突出。沁河下游河床为地上悬河，河床高出两岸地面 2～4m，当前河道堤防防御标准为 4000m³/s，相应洪水水位高出相距 43km 的新乡市 30.4m，高出京广铁路詹店车站处路面 17.4m。历史上沁河下游洪水灾害十分严重，自三国魏景初元年（237 年）有记载以来，到 1948 年的 1712 年中，决口 193 次。仅 1948 年间，决口就达 48 次。1947 年武陟县大樊决口，溃水夺卫入北运河，淹没五个县的 120 多个村庄，面积达 400km²，灾民 20 余万人。随着黄河河床淤积抬高，沁河下游从河口向上游也在逐渐淤高，黄河涨水时即发生顶托倒灌，1933 年、1958 年黄河均倒灌至武陟县城附近。受黄河洪水顶托，沁河洪水下泄不畅，木栾店以下堤防易决口。若发生"黄沁并溢"，因其位置处于黄河下游上端，其决溢灾害远大于其他位置的临黄堤决口。因此，沁河防洪与黄河防洪息息相关。沁河下游两岸平原人口密集，保护区面积 1725km²，人口 117 万，耕地 56.15 万亩。涉及两市（焦作市、济源市）五县（济源、沁阳、博爱、温县、武陟），有京广铁路交通干线，又有新焦、焦枝铁路通过。保护区内工农业生产发展迅速，主要工业有煤炭、耐火材料、化肥、水泥等；农业产量较高，是全国闻名的粮食吨粮县（市）。如今河道的防洪标准仅为20年一遇，当洪水超过 4000m³/s 时，将淹没沁南滞洪区。该区是河南省粮食的主要产地之一，有人口约15万，土地约16万亩。由于洪水预见期短，将对人民群众生命财产带来巨大损失。若洪水进一步上涨，河道可能向北决溢，将危及华北平原的人民生命财产和工农业生产安全，以及京广、焦枝铁路、107国道等交通运输安全，对国民经济的发展造成严重的影响。

沁河下游的焦作市和济源市，是河南省经济发展较迅速的地区，1997年两市国民生产总值291亿元，占河南省的7%，人均国民生产总值7644元，比全省平均高73%。沁河是两市的主要水源，但径流年内分配极不均匀，当前在灌溉季节缺水严重。随着沁北火电基地的兴建和工农业的发展，沁河下游水资源供需矛盾将越来越突出。为了保证沁河下游两岸及豫北平原的国民经济和社会的可持续发展，急需兴建河口村水库。

经过近半个世纪的努力，在三门峡至花园口区间的黄河干支流上已建成三门峡水利枢纽，在黄河支流上已建成故县、陆浑水库，黄河下游已初步形成"上拦下排、两岸分滞"的防洪工程体系，防洪能力已有很大提高。2001年12月，小浪底水库最后一台机组发电，标志着小浪底水利枢纽已正常投入运用，下游河防工程标准提高，抗御大洪水的能力进一步增强，但下游仍有发生大洪水的可能。随着时间推移，小浪底水库死库容逐渐淤积泥沙，沁河和黄河洪水经常遭遇小浪底至花园口之间的无控制区，因此兴建河口村水库，对减轻黄河下游的洪水威胁、减少黄河滩区中常洪水的淹没损失以及缓解沁河下游水资源供需矛盾具有重要的意义。

二、水库工程规模

1. 防洪要求和防洪运用方式

黄河下游两岸及沁河下游两岸保护区内人口密集，城市众多，交通干线纵横交织，工农业生产发展迅速，一旦决口，造成的损失将会相当惨重，影响深远。

黄河下游和沁河下游主要靠大堤约束洪水。为使沁河下游右岸防洪标准达到20年一遇，在不加大下游洪水威胁情况下，要求河口村水库按目前沁河进入黄河下游的洪水情况控制下泄，即控制沁河武陟站流量不超过 4000m³/s。对于黄河下游，为保障黄河下游防洪安全和减少东平湖分洪运用损失、概率，要求河口村水库在控制沁河武陟站流量不超过 4000m³/s 的前提下，尽可能拦蓄黄河下游洪峰流量和超万洪量，直到水位回降至汛期限制水位。

2. 兴利要求和径流调节

河口村水库农业灌溉供水范围为广利灌区，包括正常灌溉面积31.05万亩，补源灌溉面积20万亩。2020年灌溉需水量为14290万 m³。

城市生活和工业供水范围为济源市城市生活和工业用水、沁北电厂用水、沁阳市沁北工业园区用水等。

济源市人民政府2008年10月下发《关于报送河口村水库用水计划的函》，要求河口村水库供水19682万 m³；华能沁北发电有限责任公司2008年10月发函要求河口村水库供水9990万 m³/a；沁阳市人民政府2008年10月发函要求河口村水库向沁阳市沁北工业集聚区供水 26177 万 m³/a。以上用户合计用水要求每年达到 55489 万 m³（按流量计，约 17.7m³/s）。

鉴于河口村水库的兴利调节能力有限，加之 1980 年以来沁河来水持续偏枯等客观因素的影响，上述各用户的要求河口村水库难以全部满足。为此在基本保证河道最小流量要求，且农业供水有所改善的前提下，经径流调节计算，河口村水库在满足 95% 工业供水保证率要求的条件下，可以向城市生活和工业供水 4.2m³/s。

为解决沁河下游严重断流的问题，沁河下游需要维持一定的流量。通过分析，武陟站非汛期最小流量采用 3m³/s，在加强沁河下游水资源统一管理的情况下，需要五龙口站最小下泄流为 5m³/s。

水库在满足防洪要求的前提下，前汛期正常蓄水位不超过前汛期限制水位 238m，后汛期可以抬高汛期限制水位至正常蓄水位 275m，实现一定量的洪水资源化，以调蓄汛期水量，满足非汛期用水高峰要求，非汛期为 11 月—次年 6 月，河口村水库在满足各用水部门用水要求的前提下，尽量多蓄水，以保持较高水位，抬高发电运用水头，增加水力发电经济效益。

3. 原始库容、有效库容和泄流规模

依据设计规模和标准，水利部〔2009〕445 号文审定：水库总库容 3.17 亿 m³，防洪库容 2.31 亿 m³，调节库容 1.96 亿 m³，年均向城市生活和工业供水 1.28 亿 m³，维持现有的下游灌溉面积 51.05 万亩，年均供水量 6280 万 m³，通过对库区淤积形态的分析计算，水库正常蓄水位 275m 以下的有效库容为 1.97 亿 m³，水库淤积平衡年限约为 27 年。

4. 死水位

河口村水库的供水能力主要受汛期兴利库容的影响，在水库长期保持有效库容的前提下，应尽可能降低死水位，另外考虑泄洪要求和节约投资，本阶段选定河口村水库的死水位为 225m。

5. 正常蓄水位

在可行性研究阶段以满足综合利用要求为前提，通过 270m、275m 和 280m 三种正常蓄水位方案进行技术经济比较，选定正常蓄水位为 275m，本阶段经复核仍用 275m。

三、河口村水库任务和作用

河口村水库的开发任务以防洪、供水为主，兼顾灌溉、发电和改善河道基流等。

1. 防洪

河口村水库的防洪作用主要表现为进一步完善了黄河下游防洪工程体系，可以控制小花间无工程控制区的部分洪水，解决了牺牲沁河下游局部的问题；减轻黄河下游洪水威胁，进一步缓解黄河下游大堤的防洪压力；改变了沁河下游被动防洪局面；减少东平湖滞洪区分洪运用概率；提高对中常洪水控制能力。

2. 供水

河口村水库建成后，能充分调节和利用沁河水资源，提供当地城市工业及生活用水。经过计算，在保证沁河下游河道最小流量及不减少广利灌区农业用水的情况下，能向工业和生活供水 12828 万 m³（供水流量 4.2m³/s，供水保证率 95%）。

3. 灌溉、发电、改善河道基流

河口村水库建成后，与河口电站的尾水共同向广利灌区供水 10304 万 m^3（大于 50.05 万亩）。水库可利用供水及汛期部分弃水进行发电，发电量为 3435 万 kW·h，服务于当地经济发展，在沁河水资源统一管理的情况下，可保证五龙口断面最小流量 $5m^3/s$，进入下游流量 $3m^3/s$。沁河干流（不包括丹河）年最小进入下游水量 1.04 亿 m^3，多年平均流量 4.37 亿 m^3，可改变沁河下游频繁的断流局面。

四、主要工程地质问题

河口村水库，是一个典型的峡谷河道型水库。河床宽 100～200m，正常蓄水位 283m 时，库面宽一般为 200～500m，最宽处不超过 1.0km。回水长度约 22.0km，库尾在和滩村附近，水库面积约 10.0km²，总库容 3.468 亿 m^3。由于库盘大部分由寒武系灰岩、白云岩、泥灰岩、页岩组成，灰岩中有溶蚀裂隙及溶洞，水库渗漏是库区工程地质问题之一。

1. 水库渗漏

通过对河口村水库区地形地貌及水文地质条件的调查与分析，张庄上游库岸，地形分水岭宽厚，岩溶化张夏组灰岩底板高程分布较高，河谷两岸存在高于库水位的地下水分水岭，因此该段库岸不会产生永久渗漏。可能发生永久性渗漏的地段，应在谢庄—山口河库岸段。

（1）地形地貌。谢庄—山口河单薄分水岭，位于坝址上游约 2km，沁河河面高程 180～195m，河谷比较开阔，库岸为第四系冲积、洪积的卵、碎石土覆盖，基本无隔水作用。库外邻谷山口河，是一条近南北向的季节性小河。河东村以下，河底高程低于水库正常蓄水位，为水库漏水的溢出地点。河间地块山高坡陡，基岩裸露，地形相对高差在 700m 以上。在高程 283m 处，河间宽度为 2～3km。

（2）地质构造。河间地块为一向北（库内）缓倾的单斜岩体，岩层倾角 3°～7°，未发现贯穿的断层及破碎带。渗漏段南侧，底部出露不透水岩体（Ard + Pt_2r），在坝址龟头山出露高程为 250m，向东延伸到山口河的山口村，抬升到约 280m，形成一条近东西向的阻水埂。

（3）水文地质结构。河间地块，为双层含水层。上层水埋藏在张夏组（ϵ_2z）及徐庄组（ϵ_2x）上部岩溶化灰岩中，以馒头组（ϵ_1m）上部、毛庄组（ϵ_1mz）、徐庄组（ϵ_2x）下部页岩、板状白云岩、泥灰岩为相对隔水层，与下部构造透水层分开。受大气降水补给，属上层滞水。在山岭两侧的山坡上，以悬挂泉的形式溢出地表，出露高程在 350～400m。如泉水沟的 14 号泉及后庙泉。

下层水埋藏在馒头组（ϵ_1m）下部构造透水层中，主要包括 ϵ_1m^1、ϵ_1m^2、ϵ_1m^3 及 ϵ_1m^4 下部约 10m，该层厚度约 32m。底部太古界登封群及元古界中统汝阳群（Pt_2r + Ard）片麻岩、碎屑岩为隔水底板，顶部以馒头组（ϵ_1m）上部板状白云岩、泥灰岩为隔水顶板。在临近岸坡地带，该层内发育有溶洞、溶孔，透水性较强。空间展布南高北低，被沁河、山口河切穿，露头零星，大部隐伏在河床中，高程低于库水位。经勘探证实，自然状态下，地下水未充满整个含水层，属层间自由水。顺岩层倾斜方向流动，山口河补给沁河，河间地块不存在地下水分水岭。

建库后，顶部的上层滞水，将继续补给沁河，而下部的构造透水层，将作为水库向邻谷山口河漏水的通道。

2. 库岸稳定

水库库岸基本由基岩构成，岩层软硬相间，山坡形态呈阶梯状。河谷阶地不发育，呈新月形断续分布，属于水库淹没范围。经地质测绘，库岸未发现大的基岩滑坡及大面积第四系覆盖区。因此水库蓄水后，基本不存在大范围塌岸问题，仅有可能出现一些小规模的坡积层滑塌。

(1) 谢庄附近第四系堆积库岸稳定性。该段是库区内由第四系松散堆积物组成的最长一段库岸，南起四坝线，北至张庄对岸，长约2.8km。以谢庄为界，南为古崩塌堆积体，北为洪积、坡积裙。

此段库岸长1.9km，裙顶至前缘宽310~570m，分布高程前缘225m，裙顶300m，裙面呈凹弧形。坡度在后沟以南为10°，以北为24°，组成物质为岩块、碎石、卵石及壤土。水库蓄水后，用图解法估算最终塌岸宽度为50~60m。库岸每米塌岸量为180~400m³，此段最终总塌岸量约50万m³。但大部分位于库水位以下，为水下塌岸。

(2) 东滩古河道库岸稳定性。古河道位于坝址上游约11km，龙门河与沁河交汇处。谷底宽100m，谷内基岩面低于河面，堆积物为含泥砂卵石及壤土。古河道内有耕地约150亩，库岸附近有居民点——松山村。水库蓄水后，此处库水深60余米，塌岸将威胁部分农田及松山村的安全。由于蓄水后对外交通断绝，移民量较小，应考虑移民解决。

水库对20世纪80年代末新建的侯月铁路无大的不良影响。对库旁引沁济漭渠的局部有一些不良影响，在圪料滩附近，引沁济漭渠从4条基岩冲沟中通过，高程260m以下为悬沟，基岩裸露，库岸稳定；高程260m以上，沟底为坡积物，岸坡高度大于20m，总长度约240m。在库水的作用下，渠堤有可能失稳，应进行护岸处理。

库区为峡谷型河流，库岸多为基岩岸坡，无大的盆地，因此不存在浸没问题。

库区未发现重要矿产及文物古迹。引沁济漭渠渠首管理处对外交通及村民外出的一条简易公路被库水淹没。

3. 水库对克井煤田的影响

20世纪60年代末，有人曾提出："修建水库对克井煤田开采会产生不利影响"。为此20世纪70年代初，黄河水利委员会设计院与冶金煤炭地质勘探公司第二地质勘探队（该队负责克井煤田勘探）联合进行了专门性调查，结论如下。

(1) 克井煤田位于坝址下游沁河右岸，属石炭系、二叠系煤盆地，煤层平均厚4.7m，为无烟煤，一般埋藏350~400m，煤田东部边界距水库坝址1.2km。

(2) 水库与煤田，在地质构造上被太行山背斜与盘古寺断层相隔，背斜核部为相对不透水的太古界登封群（$Ar\,d$）片麻岩及元古界中统汝阳群（$Pt_2 r$）碎屑岩，出露高程282m。

(3) 推荐的二坝线（或三、四坝线）位于余铁沟上游，库区与煤田之间山体宽厚，因此，库水通过库岸向煤田渗漏的可能性不大；当水库蓄水后，通过右坝肩绕坝渗漏的水，将在右坝肩至余铁沟段渗出流入沁河，渗漏的水越过余铁沟向煤田渗漏的可能性不大。

(4) 盘古寺断层为煤田北部边界，经勘探证实为透水带。因此从最不利的情况考虑，从库区来的渗水通过断层带时，易沿断层带排泄，而不易进入南部煤田。

综上所述，修建河口村水库，对克井煤田不会产生大的影响。

4. 水库诱（触）发地震

盘古寺区域性大断层，从坝下游通过，库盘位于盘古寺断层的上升盘（下盘）。水库内为缓倾上游的单斜岩层，无大的断层存在。因此，无诱（触）发构造型水库地震的可能。水库两岸为寒武系中、下统泥灰岩、石灰岩与砂页岩互层。石灰岩层厚度有限，库水位以下未发现大的溶洞，岩体内仅有一些小溶洞及溶蚀裂隙，因此发生岩溶型地震的可能性亦不大。张夏组（$\epsilon_2 z$）灰岩中，发育有大溶洞，但分布在库盘之上，与水库无关。

第二节 蟒河口水库

一、蟒河口水库概况

蟒河口水库位于北蟒河出山口，引沁干渠渡槽上游480m处，距济源市约15km。蟒河口水库是一座综合利用的中型水利工程，该工程的开发任务是防洪、补充改善济源市地下水环境、城市供水、灌溉、发展水产养殖及旅游。

蟒河口水库工程主要建筑物由大坝、泄水建筑物及引水建筑物组成。蟒河口水库工程于2012年建设完成，2014年竣工验收。规划的城市供水尚未实施。

蟒河口水库设计洪水位为315.16m，校核洪水位为317.45m，正常蓄水位为313.0m，正常蓄水位以下库容为$905.0 \times 10^4 m^3$，总库容为$1094 \times 10^4 m^3$，兴利库容为$834 \times 10^4 m^3$。该工程为Ⅲ等工程，工程规模为中型。

碾压混凝土重力坝最大坝高77.6m，主要建筑物大坝为3级建筑物，次要建筑物、临时性水工建筑物均为4级建筑物。

蟒河口水库供水工程包括蟒河口水库（水源地）、引水工程、供水工程。蟒河口水库（水源地）防渗工程的帷幕灌浆、灌浆洞等为3级建筑物，防渗工程中断层所在位置临水侧的边坡高度约100m，属4级建筑物。引水工程设计流量为$1.7 m^3/s$，引水泵站装机功率0.9MW，引水工程为4级建筑物；供水工程对象为济源市玉川产业集聚区豫光金铅有限公司、万洋冶炼有限公司工业用水及济源市北蟒河城区段河道生态景观，供水设计流量为$0.37 \sim 0.1 m^3/s$，年供水总量为610.85万m^3，供水管道为4级建筑物。

蟒河口水库（水源地）防渗工程施工导流建筑物为4级建筑物，施工洪水重现期为5～20年；供水工程工导流建筑物为5级建筑物，施工洪水重现期为5年。

蟒河口水库有公路通往工作区，交通便利。

二、工程地质条件

（一）库区工程地质条件

1. 地形地貌

蟒河口水库位于低中山区，坝址区附近河床地面高程255～257m，最高回水位至泗坪水库坝脚附近，该处河床高程320m。蟒河河床宽50～70m，呈蛇曲状蜿蜒于山谷中，回水长度约3.35km，河床平均纵坡降2.2%。两岸岸坡比较陡峻，但不对称，河道转弯处，冲刷岸陡峻，堆积岸稍缓。河谷阶地不发育，仅残留零星弯月形小阶地，且阶面多已破坏，现残留冲积砾岩面高程350m。蟒河出山口外形成山前洪积扇，向南缓缓倾斜，现河床切割洪积扇低于古扇面20m左右。

2. 地层岩性

本区为一套沉积岩系，显示了"华北型"地层特征。地表出露主要为寒武系及奥陶系地层，少量石炭系，第四系以角度不整合覆盖于不同时代的地层之上，其余各系皆呈整合或平行不整合接触。其中寒武系中统张夏组（$\epsilon_2 z$）和寒武系上统崮山组（$\epsilon_3^1 g$）、长山组（$\epsilon_3^{2-1\sim 2-5} c$）、凤山组（$\epsilon_3^3 f$）的白云岩和泥质（条带）白云岩为构成库盆和库岸的主要岩石。

(1) 寒武系中统（ϵ_2）。

1) 徐庄组（$\epsilon_2 x$）：为一套浅海相黏土岩—碳酸盐沉积。仅在泗平水库 F_1 断层以北零星出露，与南部各时代地层呈断层接触。其岩性为：下部紫红色、灰绿色页岩，间夹中厚层泥灰岩，中部紫红色页岩与黄褐色疙瘩状灰岩互层，上部为厚层泥质条带鲕状灰岩，顶部为豆状灰岩。出露厚度大于50m。

2) 张夏组上段（$\epsilon_2 z^2$）：为一套碳酸盐沉积，在库区出露，未见底，为张夏组上段。岩性为巨厚层状深灰色鲕状白云岩及鲕状灰质白云岩，顶部为泥质条带鲕状白云岩。厚度大于60m。

(2) 寒武系上统（ϵ_3）

1) 崮山组（$\epsilon_3^1 g$）：为一套碳酸盐岩沉积，平行不整合于张夏组（$\epsilon_2 z^2$）之上。在坝址区出露于河谷底部，坝址区以北沿蟒河两侧大面积分布，标高在260~450m。地貌上往往形成陡壁，局部河段见有崩塌现象。其岩性为深灰色厚~巨厚层鲕状白云岩，厚度98.40m。

2) 长山组（$\epsilon_3^2 c$）：为一套碳酸盐岩沉积。总厚约83m。在坝址区分布于蟒河两侧坡脚及山腰，坝区以北库区多分布在山腰及山顶，分上下两段。

a. 下段（ϵ_3^{2-1}）：岩性下部为灰色微晶质中厚层鲕状白云岩及泥质条带白云岩，上部为黄色薄层隐晶质泥质白云岩与中厚层灰色微晶白云岩互层。厚度约27m。

b. 上段（ϵ_3^{2-11}）：岩性中下部为灰~深灰色微晶质中厚层白云岩，上部为含燧石条带厚层白云岩。厚度约56.0m。

3) 凤山组（$\epsilon_3^3 f$）：为一套碳酸盐沉积。广泛分布于蟒河两岸山腰及山顶，标高在350m以上。下部为泥质白云岩、厚层微晶白云岩，中部为砂糖状巨厚层细晶白云岩，燧石条带白云岩，上部为黄褐色泥质白云岩、含燧石条带白云岩。顶部为厚1m左右的硅质层。厚度约158m。

寒武系各组为整合接触。

(3) 奥陶系中统（O_2）。为一套碳酸盐岩沉积。总厚度约230m。在库区及坝址区以东山顶出露，在 F_3 断层以南零星出露。与下伏寒武系和上覆石炭系均呈平行不整合接触。

1) 下马家沟组（$O_2 x$）：厚度约80m。岩性下部为黄绿色页岩与褐黄色薄层泥质白云岩互层，底部有一紫红色细粒砂岩，上部为浅灰色巨厚层石灰岩间夹白云岩。

2) 上马家沟组（O_2s）：厚度大于 97m。岩性下部为薄层状泥质条带白云岩与中厚层状灰岩互层，中部为灰黑色含燧石团块灰岩、灰岩，上部为泥质灰岩、灰岩、白云质灰岩、白云岩。

（4）石炭系中上统（C_{2+3}）。为一套海陆交互相砂岩、页岩、灰岩互层，厚度大于 40m。在库区东北部 F_1 断层南侧出露。平行不整合在上马家沟组（O_2s）之上。下部为铝土质页岩及石英砂岩，底部为褐红色铁铝岩，局部为"山西式"铁矿。中部为灰白色石英砂岩，上部为燧石灰岩与黑色砂页岩互层。层中夹铝土矿、黄铁矿、透镜状赤铁矿及煤层。

（5）上第三系（N）。分布不连续，主要分布在高程 300m 以上残留高阶地及蟒河出山口岸边。为一套胶结良好的砾岩。砾石成分为白云岩及鲕状白云岩，大小不一，磨圆度为浑圆状，钙质孔隙式胶结。厚度不均，一般为 5~10m，局部厚度大于 20m。与下伏地层呈角度不整合接触。

（6）第四系（Q）。分布在山前洪积扇、蟒河河床及两侧、沟谷底部，以角度不整合分布在基岩上。

1）中更新统（Q_2）。

冲洪积层（al+pl）：上部为褐红色、棕红色粉质黏土，下部为泥钙质微胶结卵石层。主要分布在库区Ⅱ~Ⅲ级阶地上，厚度一般 9m，最大厚度 20m。

2）上更新统（Q_3）。

a. 坡残积层（dl+el）：褐黄色粉质黏土含钙质结核、碎石、块石等。主要分布在山坡凹地，厚度变化大，厚度一般小于 10m。

b. 冲洪积层（al+pl）：上部以卵砾石为主，含较多褐黄色粉质黏土，下部以褐黄色粉质黏土为主，含少量砾卵石。主要分布在蟒河出山口左岸洪积扇上。厚度大于 10m。

3）全新统（Q_4）。

a. 冲洪积层（al+pl）：上部以褐黄、浅黄色粉质黏土为主，下部为卵石层。主要分布在蟒河Ⅰ级阶地。厚度 3.5~16.0m。

b. 冲积层（al）：以漂石、卵砾石为主，含砂及薄层粉质黏土透镜体。分布于蟒河河床，厚度 7~18.0m。

3. 地质构造

蟒河口水库位于华北断块区北部，秦岭断褶带北侧。区内岩层为平缓的单斜构造，走向 280°~320°，倾向北东，倾角一般为 5°~10°。区内断裂构造比较发育，构造行迹由一套近东西向断层组成，断层以高倾角正断层为主，局部伴有小型褶皱。主断裂两侧往往发育数条次一级分支小断层。区内主要构造有。

（1）褶皱。区内褶皱不发育，仅在区域南部发育克井向斜。该向斜为一构造盆地，盆地中最新地层为二叠系，褶皱轴向近东西向，由于受山前断裂的影响，破坏了褶皱的形态，盆地北沿下降幅度大于南沿。该盆地形成时期为燕山期。

（2）断层。区内断层走向以东西向和北东向为主，全为高倾角正断层，形成时期为燕山期，性质为张扭性。

1）F_1 正断层。位于库区北部，穿过泗坪水库坝址，区内出露长度约 4km，向东延伸相交于盘古寺断层（F_3）中。断层走向255°～300°，倾向南西，倾角50°～77°。一般由三条平行的小断层构成，破碎带宽2.6～20m，岩性为断层角砾岩及被碾磨成粉的断层泥。上盘影响带宽30～160m，岩石破碎，风化后呈土状，有数条次一级小断裂（F_{1-1}、F_{1-2}、F_{1-3}），下盘影响甚微。断层切穿下马家沟（O_2x）及以前所有地层，断距大于300m。断层性质为张扭性正断层。分支断层情况见表13-1。

表13-1　　　　　　　　　　F_1断层分支断层情况表

断层编号	产状/(°) 走向	产状/(°) 倾向	产状/(°) 倾角	主要特征	断层性质	延伸长度/m
F_{1-1}	280～56	SE、SW	75	断层带上宽下窄，呈楔状，0.5～0.3m，断层面曲折不平，填充泥硅质胶结角砾岩，多呈棱状，粒径1～2cm，个别40cm，胶结较差。上盘影响带宽28cm左右，节理中等发育，岩体较完整；下盘$\in_3^2$受影响，产状陡立，影响带宽30～50m	张扭性正断层	900
F_{1-2}	NW290	SW	78	断层带宽0.7～1.0m，断层面局部平直，整体呈舒缓波状，充填物以角砾岩为主，次为少量断层泥，粒径3～10cm，钙质胶结，胶结较好，密实。局部可见小溶孔、溶槽。上盘影响带宽10m左右，均为节理密集带	张扭性正断层	200
F_{1-3}	NE76	NE76	85	断层带宽3～4m，断层面平直光滑，充填物主要为角砾岩，断层面附5～7cm的糜棱岩，角砾呈棱状。上盘发育两条次级小断层，宽0.3m左右，充填角砾岩，下盘25m影响带内发育十余条次级小断层，均为角砾岩及碎块岩充填	张扭性正断层	550

2）F_2正断层。西自皇顶北，向南东延伸，推测西交于F_4断层，东交于F_3盘古寺断层，出露长度约2.3km。断层切穿中奥陶统（O_2）及以前地层。在坝址区出露长度约733m，断距约37～43m。

断层产状变化较大，西端倾向北西，东端倾向北北东。根据在玉皇庙北侧蟒河右岸观察，断层产状NE70°NW∠60°，断层面呈舒缓波状，断层破碎带宽0.5～1.80m，呈豆荚状，带内角砾大小不一，最大者直径3～10cm，为次棱角状，少数为次浑圆状，略具定向排列，钙质胶结，较密实。上盘影响带宽5～30m，为裂隙密集带，局部为碎裂岩，发育有1～2条次级小断层。下盘影响带2～5m，靠近断层处岩石呈压碎状。该断层因地形切割和两侧岩性差异，地面表现明显。

根据在F_2断层东端蟒河左岸观察，断层倾向4°～15°，倾角60°左右，破碎带宽0.7m，内为断层角砾岩，局部为糜棱岩或断层泥，角砾呈棱角状，大小不一，一般直径2～3cm，大者直径为1.2m的白云岩透镜体，为钙泥质胶结，胶结较差。上盘影响带5～50cm，为裂隙密集带，局部为碎裂岩。下盘影响带较窄，约2～5cm。断层性质属张扭性。

3）盘古寺正断层（F_3）。位于库区南部边缘，区内出露长度约1.3km，蟒河出山口以东被第四系覆盖,位于坝址区下游约600m。为库区规模最大的断裂构造,对库区的构造起着控制作用。断层走向呈NW270°~300°展布,倾向南西,倾角60°~80°,断距数百米至千米,太古界片麻岩与二叠系煤系地层或奥陶系中统(O_2)灰岩接触,形成克井煤田。断层面具倾向擦痕,破碎带宽5~10m,岩性为含角砾断层泥、角砾岩与碎块岩,上盘影响带宽50~100m,岩石破碎,风化后呈土状,下盘轻微。该断层沿太行山山麓分布,地貌标志明显,构成高山与平原的分界线。在断崖的麓部,形成了规模巨大的洪积坡积裙,延展达山麓以南2.5km。该断层两侧,发育数条北东向的次一级小断裂,影响了坝址区的稳定性与抗渗性。断层性质属张扭性正断层。

4)F_4正断层。西起蟒河出山口右岸F_3断层,向北东经庙西垭口北穿蟒河,沿沟向东北交于F_1断层,区间长约2.4km。在坝址区出露长度约188m,切穿O_2以下断层,断距变化大,5~150m,由北东向南西逐渐变小。

断层走向50°~60°,倾向南东,倾角70°~84°,为南东盘下降、北西盘上升的正断层。断层破碎带宽0.4~5m,带内为断层角砾岩,角砾成分为白云岩、鲕状白云岩及泥状白云岩等,呈梭角状,其大小为0.5~1.5cm,个别较大。钙质胶结,较密实,因淋滤呈溶沟。上盘影响带较宽,局部可见2~3条小断层组成断裂带可达10~30m。下盘影响带稍窄,一般2~3m。影响带中裂隙发育,岩石呈裂状,褐红色,方解石脉密集。断层性质属张扭性。

5)F_5正断层。位于泗坪水库下游约1.2km处,走向60°,倾向北西,倾角65°,为北西盘下降、南东盘上升的正断层。出露长度约2km,断距10~15m,推测该断层交于F_3断层。断层带宽0.80m,由角砾岩及泥钙质组成,影响带宽度10~25m,为裂隙密集带,局部为碎裂岩。断层性质属张扭性。

6)F_{30}正断层。位于F_5正断层下游约220m处,走向277°,倾向南西,倾角70°,为南西盘下降、北东盘上升的正断层。该断层向西交于F_5断层,出露长度约350m,断距4~6m。断层带宽0.3m左右,断层角砾岩及泥充填,钙泥质胶结,胶结较好。上盘影响带宽1.5m,为平行断层的节理密集带,下盘无影响带。

(3)裂隙。库区内构造裂隙发育。构造裂隙主要发育4组,均为高角度裂隙。

第1组:近东西向,走向为NE80°~90°,倾向多SE,少数NW,倾角一般79°~88°,裂隙间距0.1~0.7m;

第2组:近东西向,走向为NW270°~290°,倾向多SW,少数NW,倾角一般85°~89°,间距0.05~0.7m;

第3组:近南北向,走向为NW350°~355°,倾向多NE,少数SW,倾角一般75°~85°,间距0.05~0.2m;

第4组:近南北向,走向为NE5°~15°,倾向NW或SE,倾角一般83°~88°,间距0.4~1.2m。

4. 水文地质

(1)地下水类型。根据含水介质特征及地下水的赋存条件,库区地下水可分为碳酸岩岩溶裂隙水和松散堆积物孔隙水两类。

1)松散堆积物孔隙水。分布于蟒河河床,岩性为砾卵石含漂石,厚度10m左右,由于砾卵石局部为半胶结状,渗透系数 K 变化较大,据岩性及渗水情况判断 K 为 $10\sim 100\mathrm{m/d}$,上部较大。其含水量受气候及地表水影响较大,旱季蟒河断流时含水量小或不含水,到汛期雨季,含水量较大,水位可达地表附近。

2）碳酸岩岩溶裂隙水。主要赋存于寒武系、奥陶系碳酸岩中裂隙、断层带及沿裂隙（断层带）形成的溶隙（洞），为岩溶、裂隙含水带,由于库区两岸未见泉水出露,结合坝址区钻孔资料,判定地下水位埋藏较深,根据 2007 年 4—7 月水位观测,坝址区地下水位在基岩面下约 30m。其中长山组（$\epsilon_3^2 c$）、凤山组（$\epsilon_3^3 f$）、下马家沟组（$O_2 x$）、上马沟组（$O_2 s$）中的灰岩、白云岩为裂隙状或脉状透水层,崮山组（$\epsilon_3^1 g$）、张夏组（$\epsilon_2 z$）中的灰岩、白云岩为主要含水层,为弱含水的岩溶裂隙含水层。主要隔水层为区内徐庄组（$\epsilon_2 x$）紫红色、黄绿色页岩,及下马家沟组（$O_2 x$）的贾汪页岩。

（2）补给、径流、排泄。根据本次坝址区水位观测结果,坝址区在非主汛期地下水位（水位高程 $220\sim 240\mathrm{m}$）均低于河床高程（256m 左右）,其中单薄分水岭最高,其次为河床右岸,右岸高于河床,河床高于左岸,整体流向为北向南,水力梯度约 5%,近库岸不存在明显的分水岭。通过水文地质调查,近库区两岸没有泉水出露,库区河床均为干涸状态,因此,推测库区地下水位较低。

松散堆积物含水层主要接受河水补给,大气降水次之,以潜流形式径流,水力坡度较大,为径流和蒸发排泄。

岩溶裂隙含水层主要接受大气降水及第四系孔隙中潜流水补给,大气降水在入渗过程中,部分受到隔水层（徐庄组（$\epsilon_2 x$）紫红色、黄绿色页岩,及下马家沟组（$O_2 x$）贾汪页岩）的阻隔,在雨后形成瀑布和悬挂泉排入河谷,地下水补给量较小。地下水由北向南径流,排泄方式主要是蒸发及向下游地下径流。

5. 物理地质现象

（1）崩塌。库区两岸岸坡比较陡峻,组成岩石主要为崮山组（$\epsilon_3^1 g$）与张夏组（$\epsilon_2 z$）中的灰岩、白云岩,岩体卸荷风化不严重,多为弱～微风化,局部地段受风化卸荷裂隙的影响,有崩塌现象,但崩塌范围较小。情况如下。

崩塌 1：位于泗坪水库下游约 1.1km 的蟒河河谷左岸山崖上,岩性为深灰色白云岩,崩塌坠落岩石块径小者 $20\sim 40\mathrm{cm}$,大者 $100\sim 300\mathrm{cm}$,含量 80% 左右,混有少量粉质黏土、卵石,厚度 $2\sim 4\mathrm{m}$,方量约 $2000\mathrm{m}^3$。

崩塌 2：位于泗坪水库下游约 1.65km 的蟒河河谷右岸山崖上,岩性为深灰色白云岩,崩塌坠落岩石块径小者 $20\sim 50\mathrm{cm}$,大者 $100\sim 200\mathrm{cm}$,含量 75% 左右,混有少量粉质黏土、卵石,厚度 3m 左右,方量 $1000\mathrm{m}^3$ 左右。

（2）岩溶。根据区域地质岩溶资料,区域岩溶主要在中寒武统张夏组下段（$\epsilon_2 z^1$）亮晶鲕粒灰岩及中奥陶统（O_2）石灰岩中发育,岩溶分布高程为 $750\sim 850\mathrm{m}$ 和 $1050\sim 1150\mathrm{m}$,溶洞最早发育时期,大致相当于上新统（N_2）唐县期,溶洞发育的主要时期在下更新统（Q_1）汾河期即第二岩溶期。据库区工程地质测绘,库盆岩石为张夏组上段（$\epsilon_2 z^2$）顶部的泥质条带鲕状白云岩中沿层面和裂隙面组合发育一溶洞,该溶洞规模很小,洞口呈月牙形,宽高深分别为 1.0m、0.5m、1.5m。以上这些溶洞、溶孔、溶坑均呈孤立状,彼此联系不强。综合判断,库区岩溶不发育。

(二) 坝址区工程地质条件

1. 地形地貌

坝址区属低山区。河床宽约 50～62m，高程 255～257m，两岸高程右岸为 377.6m，左岸为 422m，相对最大高差 122.6～167m。蟒河在坝址处河流走向 NW287°，河流流向自东向西，河床两岸基岩大部分裸露，左岸山体三面临空，边坡陡峭，坡度约 63°；右岸山体较单薄，山体最宽处（河床）约为 117m，314.9m 水位线处为 32m，北侧地形陡峭，坡度约 70°，南侧较缓，约 39°。河床两岸呈不对称 U 形谷，结构属一侧发育的横向谷。河床覆盖层厚 2.9～12.0m，岩性为含漂石的砾卵石层。

在右坝肩以西，发育一单薄分水岭，西起玉皇岭西侧垭口处，东至山神庙 F_{16} 断层处，呈近东西向展布，山体最宽处（河床）约为 160m，最窄处（山顶）15～20m，314.9m 水位线处为 95m。北侧地形陡峻，坡度约为 60°，南侧稍缓，约为 57°，分水岭长度约为 220m。分水岭顶部地形呈西低东高，西侧垭口处高程为 341.2m，东侧山神庙处为 370.6m。

在蟒河出山口河流右岸及坝轴线上游 350m 处，发育蟒河 I 级阶地，阶地高程较低，面积及规模较小，岩性为褐黄色粉质黏土，下部为砾卵石夹砂。

蟒河出山口以后形成山前冲洪积扇，向南缓缓倾斜，现河床切割洪积扇低于古扇顶 20m 左右。

2. 地层岩性

坝址区出露的地层主要为寒武系上统（$\in_3$），奥陶系中统（O_2），局部为上第三系（N）及第四系（Q）地层。寒武系上统崮山组（$\in_3^1 g$）、长山组（$\in_3^2 c$）为组成坝基及坝肩的主要地层。由上至下分述如下。

(1) 崮山组（$\in_3^1 g$）。下部为鲕状白云岩。深灰色，鲕状结构，块状构造，局部夹中厚层微晶白云岩。上部为深灰色、厚层状鲕状白云岩与厚层状微晶白云岩互层。层面有红色铁质薄膜，沿节理裂隙发育溶隙、洞，小溶蚀洞中有结晶良好的方解石晶簇。抗风化能力较强，一般呈弱风化～微风化。裂隙中等发育，局部呈碎块状。

该组为坝基主要组成岩层。厚度约 98.4m。

(2) 长山组（$\in_3^2 c$）。该组为坝肩主要组成岩层，总厚度约 83m。分上下两段，其中下段岩性变化大，分 $\in_3^{2-1} c$、$\in_3^{2-2} c$、$\in_3^{2-3} c$、$\in_3^{2-4} c$ 四个岩组，上段岩性单一，分 $\in_3^{2-5} c$ 一个岩组。

1) $\in_3^{2-1} c$。底部为泥质条带白云岩，灰黄色，隐晶结构，薄层状。该层厚 0.42～0.48m，分布稳定。为长山组和崮山组分界的标志层。

下部为白云岩，灰色，微晶结构，厚层状。近顶部为厚 10～30cm 竹叶状泥质白云岩，沿走向呈透镜状。

上部为鲕状白云岩，深灰色，鲕状结构，厚层状。沿节理裂隙发育溶隙、洞。总厚度 3.9～4.3m。在坝轴线左岸出露顶板标高为 266.4m。

2) $\in_3^{2-2} c$。该段岩性为两层泥质条带白云岩夹一层泥质白云岩。

泥质条带白云岩，灰黄色，新鲜面灰色，隐晶结构，薄～中厚层状。泥质条带宽 0.4～3cm，间隔 1～3cm。

泥质白云岩，灰黄色，新鲜面青灰色，隐～微晶结构，薄层状。该层风化后在陡坎处往往形成凹槽。

总厚度 4.7～5.9m。在坝轴线左岸出露顶板标高为 272.0m。该岩层段易风化，往往形成坳槽状，隔水作用明显，易形成溶洞。

3) $\epsilon_3^{2-3}c$。该段岩性为鲕状白云岩夹薄层白云岩，局部夹含泥质条带白云岩。

鲕状白云岩，暗灰色，鲕状结构，中厚～厚层状。层面上有红色氧化铁薄膜。鲕粒呈圆状，粒度 0.3～0.6mm，鲕粒分布不均，豆荚状。

白云岩，浅灰色，微～细晶结构，薄层状。

泥质条带白云岩，灰色，新鲜面灰色，隐晶结构，薄～中厚层状。泥质条带宽 3cm，间隔 22cm。

总厚度 9.5～10.7m。在坝轴线左岸顶板出露标高为 281.9m，右岸为 264.7m。

4) $\epsilon_3^{2-4}c$。该段岩性为泥质白云岩与白云岩互层，其中泥质白云岩 5 层，白云岩 4 层。

泥质白云岩，灰黄色，新鲜面为青灰～微黄色，隐晶结构，薄层状。易风化，在地貌上形成凹槽。厚度一般为 0.55～0.90m。

白云岩，浅灰色，微～细晶结构，中厚层状。沿节理发育溶隙、坑。厚度一般为 0.25～1.07m。

总厚度 8.05～12.4m。在坝轴线左岸顶板出露标高为 291.8m，右岸为 272.5m。

5) $\epsilon_3^{2-5}c$。中下部为灰～深灰色微晶质中厚层白云岩，偶夹薄层状灰黄色泥灰岩，局部风化呈砂糖状。刀砍纹及溶隙、坑发育，内多出现方解石晶簇。

上部以灰色微晶中厚层白云岩为主，常有白色硅质细条。

该段岩组在坝址区广泛出露，分布高程较高，在坝轴线出露底板标高左岸为 291.8m。厚度约 56.0m。

(3) 凤山组（$\epsilon_3^3 f$）。该组岩层依长山组分布，主要出露在坝址区山顶，在坝轴线南，底板出露标高在 318m 以上，坝轴线北，底板出露标高约 345m。共分 3 段。总厚度约 157.48m。

1) $\epsilon_3^{3-1}f$。下部为灰色微晶质中厚层状白云岩，底部为厚 1～2m 灰黄色泥质白云岩、含燧石条带白云岩，顶部含少量泥质，该层厚约 33.7m。

2) $\epsilon_3^{3-2}f$。浅灰色，细晶质，厚～巨厚层状白云岩，新鲜断口为砂糖状。下部夹厚 1.2～2m 含燧石团块中厚层白云岩，偶夹薄层泥质白云岩透镜体。层厚约 34.1m。

3) $\epsilon_3^{3-3}f$。分上下两段。

下段：下部为灰色，局部为灰褐色细晶白云岩，普遍含燧石条带，局部为燧石团块白云岩。上部为灰色～暗灰色中厚层白云岩。顶部 0.55m 为含燧石团块白云岩。

上段：下部为灰黄色间夹褐色中厚层泥质白云岩，上部为灰～浅灰白色微晶质中厚层燧石条带白云岩，中间夹一层厚 0.5m 的含砾砂岩，顶部为厚 1m 的燧石层。

该层厚度约 89.7m。

以上寒武系各组皆为整合接触。

3. 地质构造

(1) 岩层产状。坝址区为单斜缓倾斜岩层，倾向上游，岩层产状：走向一般为

305°~350°，倾向北东，倾角 4°~11°，近断层处产状变化大。

（2）断层。由于受盘古寺（F_3）区域性大断裂影响，坝址区内断裂构造发育，根据断层展布方向，可将区内断层分为两组：一组为东西向，一般规模较大，切割能力强，延伸距离远，断层带及影响带较宽（20~50m），与区域构造形迹相同；另一组为北东向，一般规模较小，延伸距离有限，与东西向断层相交后消失，断层带及影响带 5~10m，是坝址区的主要出露断层，影响坝基及坝肩的渗漏与稳定。以上断层共同点是：皆为正断层，且往往发育分支断层；断层性质为张扭性；断层带宽窄变化较大；在剖面上表现多为上宽下窄，呈楔状；断层带物质多为断层角砾夹泥；断层面呈舒缓波状等。

坝址区主要断层为 F_{49}、F_{18}、F_{16}、F_{50}，见表 13-2。

表 13-2 断 层 统 计 表

序号	编号	分布位置	产状/(°) 走向	产状/(°) 倾向	产状/(°) 倾角	出露/m 长度	出露/m 断距	性质	级别
1	F_1	泗坪交地	280~290	SW	50~70	>4000	推测>500	张扭性正断层	I
2	F_3	库区南郑边缘	295	SW	85	>1300	推测>500	张扭性正断层	I
3	F_2	玉皇庙北谭庄三角点北	70~110	NE/NW	60	>2300	37~42	压扭性断层	II
4	F_4	玉皇庙北	50~60	SE	70~84	>2400	152	正断层	II
5	F_5	庙北西约1000m	60	NW	65	>700	10~15	正断层	II
6	F_{49}	坝址区	30~70	SE	70~83	623		张扭性正断层	III
7	F_{18}	坝址区	45~75	NW	70~80	430	5~13	张扭性正断层	III
8	F_{16}	坝址区	50~70	SE	75~86	483	8~15	正断层	III
9	F_{20}	单薄分水岭垭口北侧	65~87	SE	82	140	30	先张扭后压扭	III
10	F_{21}		60	NW	65	25		正断层	III
11	F_{22}	庙北侧	84	SE	86	45	3	正断层	III
12	F_{50}	玉皇庙	27~82	NW	76~85	295	6~10	正断层	III
13	F_8	药王庙西	55	NW	75	30	2~3	正断层	IV
14	F_9	药王庙西	70	SE	65	218	5~6	正断层	IV
15	F_{10}	西干水池边	65	NW	75	85		正断层	IV
16	F_{11}	节制闸北	285	NE	82	235	28	正断层	IV
17	F_{12}	节制闸北	60	SE	70	100	7	正断层	IV
18	F_{14}	西干水池南	285	SW	70	115	5~8	正断层	IV
19	F_{15}	西干水池南	290	SW	78	75	5	正断层	IV
20	F_{17}	西干水池南	290	NE	82	60	3~5	正断层	IV
21	F_{19}	坝址右岸	280		90	35	0.97	正断层	IV

1) F_{49} 断层。西起坝轴线下游 320m 蟒河右岸,向北东经左岸坝肩延伸交于 F_2 断层,向西南推测延伸交于 F_3 断层,出露全长约 630m。切穿 $\in_3^{3-2} f$ 以下地层。断层产状:走向 30°～70°,倾向南东,倾角 70°～87°。为南东盘下降,北西盘上升的正断层。该断层由南西向北东断距渐为增大,断距 1.0～9.0m,断层性质为张扭性。断层破碎带宽 0.2～1.1m,一般 0.8m,断层面呈舒缓波状。断层带物质为角砾夹泥,角砾大小一般为 5～10cm,大者 30cm,呈棱角状,钙泥质胶结,胶结一般。沿断层带形成溶蚀洞,内有胶结良好的方解石晶簇和石钟乳。

断层上盘影响带较宽,宽度 2.5～10.0m,为裂缝密集带,局部为碎裂岩。近断层处岩石呈红褐色,羽状裂隙发育,且多为方解石脉充填,并有绿泥石化。下盘影响带较窄,宽 1～2m,由压碎岩组成,碎块间为钙泥质充填。

该断层分支断层较发育,共发育两条分支断层,详见表 13-3。这些断层一般延伸不远,均交于 F_{49} 断层后消失。

F_{49} 断层及其分支断层,严重影响了左岸坝肩的稳定性与渗漏。

表 13-3　　F_{49} 分支断层统计表

断层编号	断层产状/(°)			性质	断层带特征		影响带宽度/m
	走向	倾向	倾角		宽度/m	物质组成	
F_{49-1}	65～69	155～159	85～87	张扭性正断层	0.3～0.5	角砾夹泥,溶洞发育	1
F_{49-2}	293～294	203～204	75～86		0.2～0.3	角砾夹泥	1

2) F_{18} 断层。西起蟒河右岸山坡药王庙 80m,向北东经右岸坝肩向北没入蟒河河床,被第四系覆盖,向西南延伸交于 F_3 断层,全长约 970m。断层产状:走向 45°～75°,倾向北西,倾角 68°～80°。向北西盘下降,南东盘上升的正断层。断距 5.0～13.0m,断层性质为张扭性。

断层破碎带宽 0.2～1.5m,一般 1.0m,断层面呈舒缓波状。断层带物质为角砾夹少量泥,角砾大小一般为 1～5cm,大者 10～20cm,呈棱角状,钙泥质胶结,胶结一般。

断层上盘影响带较宽,宽度 1.60～9.0m,裂隙发育,裂隙产状平行断层走向,局部呈碎裂岩状,部分裂隙被方解石充填,白云岩多褐铁矿化呈褐红色,泥质白云岩呈杂色,沿方解石脉边缘多绿泥石化。下盘影响带较窄,宽 2～2.5m,有微褐铁矿化,见有巨晶方解石化白云岩,方解石脉较密集。

该条断层的存在,对坝基的稳定与渗漏有一定的影响。

3) F_{16} 断层。西起蟒河右岸山坡药王庙南 30m,向北东经玉皇顶东侧过蟒河没入第四系,向西南推测延伸交于 F_3 断层,全长约 1000m。断层产状:走向 40°～85°,倾向南东,倾角 72°～86°。为南东盘下降,北西盘上升的正断层。断距 8.0～15.0m,由南西向北东断距渐小,断层性质为张扭性。

断层破碎带宽 0.5～1.1m,一般 0.80m,断层面呈舒缓波状。断层带物质为角砾夹少量泥,角砾大小一般为 3～5cm,大者 30cm,呈棱角状,泥钙质胶结,胶结一般。

断层上盘影响带较宽，为1.2~10m，岩层多裂隙，强烈褐铁矿化，局部呈碎裂岩状，白云岩多呈褐红色，网状裂隙发育，裂隙宽度3~8mm，部分被方解石充填。下盘影响带较窄，宽1~2m，与断层走向平行的裂隙发育，多为方解石充填，并有少许绿泥石化。

4）F_{50}断层。西起玉皇顶西垭口，经玉皇顶过山顶庙向北交于F_2断层。出露长度295m。断层产状：走向27°~85°，倾向北西，倾角76°~85°。为北西盘下降，南东盘上升的正断层。断距6.0~10.0m，断层性质为张扭性。

断层破碎带宽0.3~1.0m，一般0.70m，断层面呈舒缓波状。断层带物质为角砾夹少量泥，角砾大小一般为2~6cm，较大为15~20cm，呈棱角状，钙泥质胶结，胶结一般。

断层上盘影响带较宽，为3~6m，岩层多裂隙，强烈褐铁矿化，白云岩多呈褐红色，网状裂隙发育，裂隙宽度2~5mm，多为方解石充填。下盘影响带较窄，宽1~2m，与断层走向平行的裂隙发育，多为方解石充填，并有少许绿泥石化。

5）F_{20}断层。该断层在单薄分水岭垭口北侧出露，向西延伸交于F_4断层，出露长度550m。断层产状走向65°~87°，倾向南东，倾角76°~85°。断层带宽0.2~2.0m，由角砾岩及断层泥组成，泥钙质胶结。上盘影响带宽度2.5~7.0m，层面平直，阶梯状擦痕明显，碎裂状具片理化，偶见滑动擦痕裂隙及方解石脉发育。

（3）裂隙。坝址区节理裂隙较发育，通过竖井和平洞裂隙统计，岩体主要发育3~4组高角度裂隙，另外层面较发育。

受区域构造影响，坝址区发育数十条规模较大的张裂隙，张裂隙以东西向、北西方向发育为主，均为高角度，切割较深，裂隙面呈舒缓波状，上宽下窄，宽度一般为5~15cm，充填物为角砾夹泥，泥钙质胶结，胶结较差。少数裂隙中发育溶洞，这些张裂隙与断层组合在一起，构成渗水通道。另外，在两坝肩平洞中也发育多条张裂隙（小断层），其情况统计见表13-4。

由表13-4可以看出，由于受到F_{49}断层影响，左坝肩张裂隙发育程度大于右坝肩，其中，左坝肩水平深度20m范围内，张裂隙发育程度较大，平均间距（频率）为2~4m。

表13-4　　　　　　　　坝址区平洞张裂隙（小断层）统计表

位置	深度/m	产状/(°) 走向	产状/(°) 倾向	产状/(°) 倾角	宽度/mm	充填胶结情况
$PD_1 - L_1$	0+8.5~0+9.7	NW345	NE	82	10~20	充填物为角砾夹泥，泥钙质胶结，胶结较好，局部有溶蚀现象，多呈小溶坑，坑径3~15mm，坑深小于5mm，干燥
$PD_1 - L_2$	0+8.5~0+10.6	NW338	NE	79	10~30，上宽下窄	充填物为角砾夹泥，泥钙质胶结，胶结一般，局部有溶蚀现象，多呈小溶坑，坑径3~15mm，坑深小于5mm，干燥
$PD_1 - L_3$	0+11.7~0+13.5	NW308	NE	80	20~50，最宽可达100，上宽下窄	充填物为角砾夹泥，钙泥质胶结，胶结较好，局部有溶蚀现象，多呈小溶坑，坑径3~10mm，坑深小于5mm，干燥

续表

位置	深度/m	产状/(°) 走向	产状/(°) 倾向	产状/(°) 倾角	宽度/mm	充填胶结情况
PD$_1$-L$_4$	0+15.6~0+16.6	NW282	NE	85	一般20~50，少部分10，上宽下窄	裂面以钙质及方解石为主，中间充填物以泥为主，胶结一般，局部有溶蚀现象，多呈小溶坑，坑径3~20mm，坑深小于5mm。干燥
PD$_1$-L$_5$	0+16.1~0+17.1	NW293	NE	87	20~50，少部分10，上宽下窄	钙泥质全充填，裂面以钙质及方解石为主，中间充填物以泥为主，胶结一般，局部有溶蚀现象，多呈小溶坑，坑径3~150mm，坑深小于5mm。潮湿
PD$_1$-L$_6$	0+31.8~0+33.04	NW300	NE	72	左壁120~200，右壁30~80，洞顶20~60	钙质、方解石、岩块、全泥质充填，胶结一般~较好，局部有溶蚀现象，多呈小溶坑，坑径3~150mm，坑深小于6mm。仅在两洞壁拱角处溶蚀较严重，为一空洞，宽10~120mm，深400~800mm，垂直洞向逐渐变窄。潮湿
PD$_2$-L$_1$	0-0.1~0+1.9	NW295	NE	71	100~300	泥质为主，含少量小岩块，全充填，胶结一般。干燥
PD$_2$-L$_2$	0+26.6~0+29.8	NW313	SW	62	10~60	钙泥质、碎岩块全充填，胶结较好。干燥
PD$_2$-f$_1$	0+31.8~0+32.8	NW80	NW	69	100~400	充填物为角砾夹泥，全充填，胶结较好。潮湿

4. 水文地质条件

(1) 地下水类型及岩体透水性。依据含水层性质、地下水赋存特点，地下水分两种类型。

1) 松散堆积孔隙水。松散堆积孔隙水主要分布于河床砾卵石层中。接受河水与大气降水补给，受季节影响变化大。未见该类型水地下水位，但根据可行性研究阶段勘察成果，汛期时，地下水位较高，水量丰富，根据以往工程经验，砾卵石层渗透系数为10~100m/d。

2) 基岩裂隙岩溶水。基岩裂隙岩溶水主要分布在基岩裂隙及断层带中，主要含水层为崮山组$\in_3^1 g$的鲕状白云岩与白云岩。受季节影响较大，主要接受大气降水与河水补给。该含水层微风化岩体的透水率一般小于10Lu，属弱透水，强风化岩体大于100Lu，属强透水。

(2) 岩层的透水性。岩石透水性，主要受岩性、构造、风化、岸边卸荷等因素所控制，根据钻孔压水试验可知：$\in_3^{2-5} c$强风化岩层透水率最大，多超过100Lu，属强透水。$\in_3^{2-5} c$、$\in_3^1 g$强风化岩层平均值为36.8~37.0Lu。微风化岩层$\in_3^{2-5} c$最大，平均值为10.0Lu，$\in_3^{2-1} c \sim \in_3^{2-4} c$较小，平均值小于4Lu。$\in_3^{2-2} c \sim \in_3^{2-4} c$透水率平均值小，从压水实验值分布区间看出，这两层透水率主要集中在1~3Lu，属弱透水下限。钻孔压水试验P（试段压力）-Q（压入流量）曲线类型主要为冲蚀型，充填型很少，说明压力增大造成岩石扩张、劈裂且与原有的裂隙贯通或裂隙中的充填物被冲蚀、移动。

根据各岩层岩性组成及压水实验结果，长山组$\in_3^{2-2} c \sim \in_3^{2-4} c$的泥质白云岩岩体透水率低，渗透性弱，为相对隔水层。

（3）断层透水性。坝址区（含近坝区、库区）断层发育，主要发育的断层有 F_{49}、F_{18}、F_{16}、F_{50}、F_{20}、F_{21}、F_4、F_2，这些断层性质均为张扭性正断层，断层带较宽，断层带物质为角砾夹泥，影响带较宽，为裂隙密集带或碎裂岩，有架空现象，透水性较强，并且沿断层岩溶较发育。

中科院地质所对各条断层在地表进行了注水试验，结果见表 13-5。

表 13-5　　　　　断层带注水试验表

断层编号	渗透系数/(m/d)	断层编号	渗透系数/(m/d)	断层编号	渗透系数/(m/d)
F_{18}	3.44	F_{16}	2.68	F_2、F_4、F_5	1.4
F_{49}	6.58	F_{20}	0.252	F_{21}	0.24
F_{50}	0.96				

根据断层（影响）带的性质成因、物质组成、发育特征及压水注水试验，综合确定断层（影响）带的渗透系数，见表 13-6。

表 13-6　　　　　断层带渗透系数建议值表

断层编号	渗透系数/(m/d)	断层编号	渗透系数/(m/d)	断层编号	渗透系数/(m/d)
F_{18}	10	F_{16}	10	F_2、F_4、F_5	20
F_{49}	30	F_{20}	5	F_{21}	5
F_{50}	5				

（4）地下水位观及观测。勘察过程中对各孔地下水位进行观测，观测结果见表 13-7。

表 13-7　　　　　地下水位观测结果表

分布位置	孔号	孔口高程/m	非主汛期（7月19日）		主汛期（8月8日）	
			地下水埋深/m	地下水位高程/m	地下水埋深/m	地下水位高程/m
坝轴线	增 ZK_1	325.24	105.29	219.95	75.50	249.74
	增 ZK_2	321.32	99.90	221.42	74.00	247.32
	增 ZK_3	315.64	94.90	220.74	67.80	247.84
	增 ZK_4	256.32	30.80	225.52	地表有水	
	增 ZK_5	286.19	56.82	229.37	29.70	256.49
单薄分水岭	增 ZK_6	364.89	125.70	239.19	104.05	260.84
	增 ZK_7	340.93	106.25	234.68	82.00	258.93
	增 ZK_{10}	337.35	97.10	240.25	78.00	259.35

其中，对坝轴线和单薄分水岭钻孔进行长期观测，根据观测结果可知：

坝址区地下水位单薄分水岭最高，其次为河床右岸，右岸高于河床，河床高于左岸，整体流向为北向南，不存在明显的分水岭。

非主汛期，由于降雨较少，地下水位补给不足，地下水水位在缓慢下降。

7月29日，蟒河流域普降大到暴雨，蟒河河床水流不息，各孔地下水位基本同步提高，右岸及单薄分水岭钻孔水位高程256～260m，基本上与河床高程一致，左岸钻孔水位高程247～249m，低于河床高程。

8月21—23日，由于降雨量较少，蟒河河床断流，此时各孔地下水开始下降，左岸钻孔水位下降较快，8月31日下大到暴雨，9月3日蟒河河床开始过水，此时各孔地下水位开始迅速上升。

通过以上水位观测，说明地下水与地表水水力联系密切，含水岩体的渗透性较好，左岸渗透性强于右岸和单薄分水岭。

5. 不良地质现象——岩溶

(1) 溶蚀沟槽。地表溶蚀沟槽发育，局部发育岩溶凹坑。溶蚀沟槽一般沿裂隙及层面展布。这些溶蚀沟槽一般深度小，呈"刀砍"状，上宽下窄，延伸不远，大者40cm，宽1～2cm，深3.5cm，最小者延伸几厘米，一般长5～10cm，宽1cm，深1～2cm。溶蚀坑多呈不规则状，大小不一，大者直径3cm，深1～1.5cm，呈半球形，地表溶蚀沟槽发育处最多每米30条，一般每米10条。这些溶蚀沟槽基本无填充物。

(2) 溶洞。在河床两岸陡壁上局部可见，分两种类型，一是层控制（沿一定层位），二是构造带型（在断层、裂隙带内）。

1) 层控型。坝轴线下游右岸沿$\in_3^{2-2}c$出露有6个规模较大的溶洞。标高在265～275m，严格受$\in_3^{2-2}c$泥质条带白云岩岩层控制，间距15～30m，洞口略呈圆形。一般高1.5～2m，宽1.5m，深5～9m，洞口形状呈不规则之三角形，洞壁上有钙质淋滤物，厚度2～3cm，个别洞内有钟乳石。洞中无积水，洞底向外倾，坡度10°～15°左右。

坝轴线上游左岸沿$\in_3^{2-1}c$底部泥质白云岩见有溶洞4个，规模不大，形状不规则，洞高一般1.5～2m，宽2m，深2～5m，壁上有厚0.5～1.0cm的钙质结膜，洞底外倾，无积水。标高大致为310～315m。

在单薄分水岭北侧沿L_{38}张裂隙，标高280m，有一溶洞高2m，宽1.0m，深1.5～2m，地层为$\in_3^{2-2}c$泥质条带白云岩，洞壁为钙质结膜。

以上溶洞发育受裂隙及地层双重控制，均是地下水沿裂隙（走向270°～305°）渗流，由于泥质白云岩的阻水长期溶蚀作用形成的，这些溶洞深度不深，规模不大，洞底逐渐变小为裂隙，其水力联系主要通过裂隙网络贯通。

2) 构造带型。出现在两处，一处位于增ZK_2孔北侧左坝肩上游冲沟内，沿F_{49}断层带发育，洞高2m，宽1m，深2m，洞内发育有良好的钟乳石，高程约300m。另外一处裂缝型溶洞是在地平面，位于山神庙下南10m处，在L_{41}裂隙带内，标高373m，洞口呈长方形，长1m，宽0.4m，深2m。洞内不规则，洞壁有钙质结膜。

第三节　引沁济蟒渠

引沁济蟒工程是20世纪60、70年代济源、孟县（今孟州市）两县人民自力更生，发扬愚公移山精神，战天斗地的伟大创举。引沁总干渠从1965年12月一期工程开工，至1975年一期扩建工程竣工，整整建设了10年时间。这条"人工天河"是继林州红旗渠之后创建的又一个大型灌溉工程,是河南省山区水利发展史上又一伟大丰碑。

该工程跨越 300 多个山头、200 多条河流、凿通修建 66 个隧洞（总长 16000 多 m）,建造了 403 座桥涵洞,建成了总长达 120km、可通水 23 个流量的"引沁济蟒"大渠。这条"人工天河"雄伟壮观,气势磅礴,干、支、斗渠总长近 2000km,灌区面积达 40 万亩。发挥了巨大的经济效益。

引沁济蟒灌渠于 1972 年修成,引沁河之水,依山就势,环山修筑,渠线标高 280m 左右,在盆地的北部、西部通过,设计流量 23m³/s,但实际上引水量小于 10m³/s,一般为 6~7m³/s,盆地内渠道长约 24km,设计浇地面积 4.5 万亩,实际浇地 3.36 万亩,平均引用水量 2550 万 m³/a,每年的非灌溉季节在北蟒河口向蟒河河道弃水 20~30 天,弃水流量 2.5m³/s 左右。

第四节 秦 渠 枋 口

秦渠枋口、五龙口古称枋口。因秦时在沁河出山处开凿秦渠,引水灌田,以枋木为闸,故名枋口。它开创了隔山取水之先河,也是最早利用水流弯道原理的水利工程,不淤不塞,利泽至今,因此具有很高的科学研究和文物价值,可与都江堰媲美（图 13-1）。

一、一条水渠塑"枋口"

坐落在沁河沿岸的五龙头村,是济源市五龙口镇一个依水而居的普通村庄。家住五龙头村的李永廷,是镇政府的一位干部。据他考证,在 1923 年以前,五龙头村被称为"枋口村"。仅从名字上看,"枋口""五龙头",包括镇政府的名字"五龙口",就显得与众不同。那么,枋口村这个名字蕴含着哪些重要的历史信息呢？

发源于山西省沁源县太岳山南麓的沁河,流经河南济源、沁阳等地,最后在武陟县境内

图 13-1 秦渠枋口

汇入黄河,全长 485km。沁河上游多为山川峡谷地带,水流湍急,沁河一路奔腾至五龙头村附近时,水流变得潺湲。这是因为五龙头村以下是冲积平原,这里是沁河的出山口,沁河水面不但宽阔,水流的速度也慢慢放缓,还形成了几个弯道。秦渠的修建不但改写了沁河的历史,也使沁河水得以润泽更多的生灵。

二、这究竟是怎样的一条水渠？

《济源县志》记载,公元前 221 年,秦人以枋木垒堰,抬高水位,把沁河水引入人工开挖的渠道,用于灌溉田地。因为渠首"枋木为门,以备泄洪",后人称之为"枋口堰""枋口"或"秦渠"。以今天的眼光看,当时的枋口堰充其量就是一个小小的引水工程。但在那时,枋口堰堪称伟大的创举。秦国时,彪悍勇猛的铁骑纵横各地,它的雄心是统一六国。为了维护庞大军队的需要,秦国政府开始兴修水利,发展农业。于是,诞生了四川都江堰、陕西郑国渠和广西灵渠等几大水利工程。

公元前 256 年,蜀郡守李冰父子带领群众修建的都江堰,充分利用当地西北高、东南

低的地势，根据岷江出山口处特殊的地形、水势，乘势利导，修建了这座当今世界年代久远、唯一留存、以无坝引水为特征的宏大水利工程。2000年都江堰成为世界文化遗产后，慕名而来的中外游客络绎不绝。

位于陕西泾阳县泾河北岸的郑国渠，采用拱形地下渠道，使渠壁拱券有力，不易塌陷。后来，郑国渠荒废。1930年，此渠又破土动工，历时近两年，修成的泾惠渠继续造福百姓。

广西兴安县境内的灵渠，是将湘江水三七分流，其中三分水向南流入漓江，七分水向北汇入湘江，沟通了长江、珠江两大水系。

而济源枋口堰的渠首也是敞开式无坝引水工程。更让人称奇的是，枋口堰渠首处是沁河的一个弯道，人们巧妙地利用了"自然弯道"原理。沁河水在经过弯道时，泥沙石块被旋到外侧，大量的泥沙石块不会卷进渠道。济源市文物局建设工程文物保护办公室主任秦胜利介绍，按照《沁河志》的记载，枋口堰是中国第一个"隔山取水"的水利工程，也是人类历史上首次利用"水流弯道"原理取水的水利工程。

这是枋口堰留给后人的历史片段。千百年来，当都江堰、郑国渠和灵渠声名鹊起、备受推崇之时，枋口堰处于古轵国的一处峭壁下而不为人熟知。

三、沁河入渠

由于多种原因，秦朝几大水利工程的地理位置和文化背景都有特殊之处。

春秋时期，济源曾经是富庶一方的轵国。战国时，轵城为晋国属地。公元前4世纪中叶，"三家分晋"，轵先归韩，后又属魏。秦代实行郡县制，设轵县，轵城是秦代军事重镇之一。秦代统治今焦作、济源地区的时间并不长，只有短短的59年，但在秦汉时期，济源因其古轵文化，达到了文明的顶峰。另外，济源地处司马迁《史记》中所述的王者迭兴的"三河之地"（河东、河内、河南）的中心地带，是华夏文明起源的核心地区。但秦汉时期济源重要的水源济水出现了淤塞，南济和北济更是"水脉径断，故渎难寻"。

发源于济源王屋山太乙池的济水，不但滋养了济源、沁阳、温县沿岸的群众，还流经山东济南等地，最后入海。古人把济水与黄河、长江、淮河并称为天下"四渎"。唐宋时，济水已呈弱水气象。黄河的不断南侵夺取了济水的河道，济水就此消失。为了便于灌溉，秦国地方政府组织人力在山上砍一些木质坚硬的大树，再把大树制成木板和木桩，在今日五龙头村的沁河南岸修建了这座简易的枋口堰。沁河水被引向南岸后，灌溉了沁河出山口以下广袤的良田，为大秦帝国提供了战争所需的粮草。从秦朝到明代，枋口堰历经十余个朝代的修建。

秦时的枋口堰也有不足之处，制作工艺简单，没有任何控制设施，虽然见效快却浪费水，而且木桩在水里浸泡时间长了很容易腐烂。三国曹魏典农司马孚奉诏重修，将枋口堰木门改成垒砌石门，完成了一次大的进步。司马孚不仅修缮了原先的灌溉系统，还增加了排泄设施，使洪水来袭时，枋口堰可以排泄洪水，稳定下游局势。据史料记载，司马孚修葺后的枋口堰灌溉了济源、沁阳等县的千顷良田。历史上，隋代对枋口堰的修建也有明确的记载。隋朝统一天下后，因连年战乱，"中原萧条，千里无烟"，枋口堰也年久失修，功能颓废。

公元590年前后，河北涿州人卢贲上任怀州（今沁阳一带）刺史。卢贲到任后，首先修葺了枋口堰，又组织役夫新开了两条渠。据《隋书·卢贲传》记载，卢贲"决沁水东注，名曰利民渠，又派入温县，名曰温润渠，以溉舄卤，民赖其利"。在卢贲之前，枋口堰只是一个渠道灌溉。而这次，卢贲开创了引沁分渠的先例，大大地扩大了灌溉面积。

唐代时，枋口堰改称"广济渠"，节度使温造扩修，灌溉济源、河内、温县、武陟农田五千顷。到了元代，继续开渠修堰，润泽温县、孟州、沁阳、济源、武陟五县，当时枋口堰又称"广济河"。

第十四章　实习教学安排

第一节　实习要求

　　工程地质及水文地质实习是学生在大学学习期间所学知识和技能的综合实践训练。通过本次实习巩固所学理论知识，加强理论联系实际和进一步加深对专业的理解。

　　一、实习目的

　　工程地质及水文地质实习是地质工程专业学生在校学习的最后一个教学环节，是专业课教学的继续与补充，也是大学生从校园走向社会不可缺少的过渡环节。它不仅是学生进行综合训练的实践性教学环节，也是学生完成从课堂理论学习向工程实践转换的关键性教学环节。通过本次实习，使学生理论与实践相结合，巩固与强化专业知识，提高实践能力、专业素质与思想素质。

　　二、实习性质

　　本次实习是地质工程专业教学内容的重要组成部分，是理论联系实际、巩固、深化理论知识的必要环节，为学生今后的学习和工作积累感性认识。

　　三、实习任务

　　通过本次实习，熟悉工程勘察、地质工程设计与施工、地质灾害评价与治理、地下水资源开发与利用、工程监理与管理等工作的基本内容、基本方法和基本技能。本次实习是对大学期间所学专业知识的一次全面、综合测试和运用，同时培养学生不怕艰苦、严谨认真的工作作风，为以后的工作打下良好的基础。

　　四、实习的教学目标

　　通过本次实习，使学生具备以下能力。

　　(1) 深入工程现场学习，了解生产实际，扩大知识面，巩固与发展学习成果，学会收集资料、整理资料、分析和综合研究以及使用资料等，培养分析问题和解决问题的能力。

　　(2) 进一步熟练掌握工程勘察、地质工程设计与施工、地质灾害评价与治理、地下水资源开发与利用、工程监理与管理等工作的基本内容、基本方法和基本技能。

　　(3) 初步掌握工程勘察或地质灾害治理等专题报告的编写方法。

　　(4) 针对具体的工程问题，能够综合分析和评价解决方案对社会、健康、安全、法律以及文化的影响。

　　(5) 培养良好的职业道德，树立正确的职业道德观。

　　(6) 学习地质工程技术员的职责条例，跟随他们，通过见习、实习，学习工程管理的基本方法，掌握工程管理活动中涉及的原理与经济决策方法，为今后从事该工作做好准备。

　　(7) 在实践过程中，能够认识到自身专业知识存在的不足之处，认识到今后工作中不断学习的必要性。

第二节 实习的主要内容

根据实习要求,结合实习区现场条件,开展以下五个方面的实习内容。

一、济源实习区典型路线踏勘

路线踏勘主要包括以下主要内容:工程地质内容(河口村水库、蟒河口水库);水文地质内容(青多水源地、沁北水源地和五龙口地热);基础地质内容(盘古寺断层);地质灾害内容(郭庄煤矿采空区)。

二、工程地质实习

(1) 以蟒河口水库为实习区,主要开展蟒河口水库的工程地质条件分析,主要包括:地层岩性、地形地貌、地质构造、水文地质条件、物理地质现象、地质物理环境、天然建筑材料等。

(2) 蟒河口水库左岸平洞的地质素描。

(3) 水库渗漏类型与影响因素分析。

三、地质灾害实习

(1) 以五龙口水文站附近为实习区,分析沁河两岸地质灾害的类型及特点。

(2) 描述危岩体特征与分布规律、不稳定斜坡特征与分布规律以及泥石流沟的特征与分布规律。

四、水文地质实习

(1) 以济渎庙附近为实习区,主要开展1:10000的水文地质填图,主要进行水文地质调查,包括水位统测、简易水质检测、环境问题描述以及泉的描述。

(2) 在调查基础上分析第四系孔隙水与泉之间关系。

五、地热资源实习

(1) 以五龙口地热异常区为实习区,主要开展地热资源开发利用现状调查。

(2) 分析地热井分布特点及主要控制因素。

(3) 分析地热水量、水温等物理特征,同时开展对沁河及其阶地上孔隙水与地热水之间关系的调查并进行水位统测。

第三节 实 习 路 线

一、蟒河口水库实习路线

自住宿地乘车至蟒河口水库大坝停车场,步行至水库大坝。

1. 教学目的

(1) 了解水库大坝类型及特点。

(2) 掌握并分析蟒河口水库工程地质条件。

(3) 掌握平洞素描的基本要求和方法。

(4) 掌握节理统计的基本要求和方法。

2. 教学内容

路线简介：本路线主要要求学生掌握并分析水库工程地质条件，掌握地质素描。

（1）蟒河口水库概况。

（2）蟒河口水库地层岩性特征。

（3）右岸平洞素描。

（4）蟒河口水库大坝溢洪道附近节理统计。

（5）蟒河口水库坝址区工程地质条件。

3. 教学安排

（1）安排一。

位置：蟒河口水库大坝，见图 14-1。

内容：①蟒河口水库大坝的类型与特征；②蟒河口水库坝址区工程地质条件分析；③观察并计算平洞外排水流量。

要求：①以组为单位，按照工程地质条件的六个方面进行调查，并对工程地质条件进行分析；②观察蟒河口水库大坝，分析其类型和特征；

（2）安排二。

位置：蟒河口水库右坝肩注浆洞。

内容：①观察平洞内节理发育情况，破碎带发育情况；②平洞的地质素描；③利用简易方法测定平洞外排水的水量。

图 14-1 蟒河口水库大坝

要求：①进入平洞的学生和老师必须佩戴安全帽；②测绘并描述节理和破碎带，并绘制平洞素描图；③观察破碎带渗水情况。

（3）安排三。

位置：蟒河口水库左坝肩注浆洞。

内容：①观察平洞内节理发育情况、破碎带发育情况；②平洞的地质素描；③利用简易方法测定平洞外排水的水量。

要求：①进入平洞的学生和老师必须佩戴安全帽；②测绘并描述节理和破碎带，并绘制平洞素描图。

（4）安排四。

位置：蟒河口大坝溢洪道下部。

内容：①测绘并描述节理；②统计节理分布特征。

要求：①节理描述期间学生和老师必须佩戴安全帽以防落石；②测绘并描述节理，并绘制节理玫瑰花图；③要求完成 50 条以上的节理统计。

（5）安排五。

位置：郭庄煤矿采空区。

内容：①根据地形变化判断煤矿采空塌陷区；②调查采空塌陷区在地表的表征，分析其危害。

要求：①调查 2~3 条地裂缝，并分析其成因；②描述并统计房屋、墙面变形开裂现象。

4. 思考题

(1) 分析蟒河口水库主要工程地质问题。

(2) 平洞在水库勘查中的重要性。

(3) 节理发育对水库库岸稳定和库区渗漏的影响。

二、河口村水库—盘古寺实习路线

自住宿地乘车至河口村水库，完成实习内容后，乘车至盘古寺。

1. 教学目的

(1) 参观引沁济蟒工程，学习愚公精神。

(2) 了解水库大坝的类型及特征。

(3) 认识角度不整合特征，了解上下两套地层的特征。

(4) 认识区域断层（盘古寺断层）。

2. 教学内容

路线简介：本路线重点为认识角度不整合和区域断层、认识层间构造。

(1) 介绍引沁济蟒渠，学习愚公精神，进行思政教育。

(2) 介绍河口村水库，了解其功能和特征。

(3) 认识太古界登封群及其上覆元古界中统汝阳群石英砾岩呈沉积接触。

(4) 认识盘古寺断层，以及断层破碎带。

3. 教学安排

(1) 安排一。

位置：河口村水库大坝向库区 100m 的右库岸。

内容：①认识引沁济蟒工程；②了解水利工程中的愚公精神；③沿途观察岩性及其中节理发育情况。

要求：①佩戴安全帽，以防落石；②以组为单位描述 1~2 个山洞内节理发育情况。

(2) 安排二。

位置：河口村水库大坝，见图 14-2。

图 14-2 河口村水库大坝

内容：①了解河口村水库大坝的类型和特征；②认识河口村水库的功能及重要性。

要求：①佩戴安全帽，以防落石；②以组为单位进行调查和讨论，带队老师提问并总结。

（3）安排三。

位置：河口村水库大坝下游广场右侧山体，见图14-3。

内容：①观察太古界登封群的岩性特征；②观察元古界中统汝阳群的岩性特征；③分析其二者之间的接触关系。

要求：①绘制太古界登封群和元古界中统汝阳群之间接触关系素描图；②分析太古界登封群的变质作用。

图14-3 河口村水库大坝下游广场右侧山体

（4）安排四。

位置：引沁渠首发电站，见图14-4。

内容：①了解引沁渠首电站发电过程；②认识层间构造发育情况。

要求：①讨论层间构造特征；②沿途观察岩性变化及其特征。

图14-4 引沁渠首发电站

（5）安排五。

位置：盘古寺，见图14-5。

内容：①了解克井盆地；②认识区域断层（盘古寺断层）；③了解盘古寺断层破碎带的发育情况；④了解盘古寺断层附近泉发育的情况及特征。

要求：①以组为单位，寻找盘古寺断层存在证据；②描述破碎带特征；③绘制盘古寺断层地质剖面图。

4. 思考题

（1）河口村水库坝址选择依据？

（2）盘古寺断层对工程地质和水文地质的影响。

三、沁北电厂水源地—五龙口地热实习路线

自住宿地步行至沁北电厂水源地，完成实习内容后，步行至五龙口地热区。

图 14-5 盘古寺

1. 教学目的

(1) 认识傍河水源地。

(2) 认识五龙口地热异常区及其成因。

(3) 了解沁河、机民井和热水井之间关系。

2. 教学内容

路线简介：本路线以沁北电厂水源地（图 14-6）和五龙口地热异常区为重点，主要认识孔隙水、裂隙水的特征。

(1) 认识沁河地貌及冲积物特征。

(2) 沁北水源地水源井的布置特征。

(3) 五龙口地热异常区的赋存及地热水特征。

(4) 认识沁河阶地地下水—河水之间关系。

3. 教学安排

(1) 安排一。

位置：沁河左岸阶地。

内容：①认识河流相沉积物的特征；②认识河流地貌的特征。

要求：①以组为单位，讨论河流漫滩和阶地的区别；②观察并描述河流相沉积物的特征。

(2) 安排二。

位置：沁北电厂水源井附近。

内容：①观测并描述沁北水源井的分布，选择 4~5 口水源井绘制其分布位置示意图；②沿途观察有无环境问题。

要求：①测绘并描述水源井的分布，并绘制其分布位置示意图；②分析水源井的布置原则。

图 14-6　沁北电厂水源地

(3) 安排三。

位置：五龙口地热异常区。

内容：①了解 2~3 口地热井的结构特征，包括井深、井径、井结构；②了解地热水的特征，包括水位、水温、水量以及用途；③测量 2~3 口地热井的地下水位（标注清楚是动水位还是静水位）。

要求：①标注清楚测量地热井的相对位置；②利用水位计测量地热井水位，并测定其井口标高。

(4) 安排四。

位置：五龙口地热异常区以外村庄及农田。

内容：①了解 2~3 口机民井的特征，包括井深、井径、井结构；②了解 2~3 口机民井地下水的特征，包括水位、水温、水量以及用途；③测量 2~3 口机民井的地下水位（标注清楚是动水位还是静水位）。

要求：①标注清楚测量地热井的相对位置；②利用水位计测量机民井水位，并测定其井口标高。

4. 思考题

(1) 傍河水源地与沁河之间关系。

(2) 地质构造在五龙口地热异常区的控制作用。

(3) 五龙口地热异常区与周围机民井之间的关系。

四、秦渠枋口—五龙口水文站实习路线

自住宿地步行至秦渠枋口，完成实习内容后，步行至五龙口水文站。

1. 教学目的

(1) 认识秦渠枋口的历史作用。

(2) 认识水文站测流原理。

（3）掌握断层破碎带、危岩体地质现象的描述记录。

2. 教学内容

路线简介：本路线以秦渠枋口和五龙口水文站为重点，主要认识水利工程建筑物、不良地质现象。

（1）认识水利工程建筑物。

（2）观察断层现象。

（3）观察危岩体。

（4）观察寒武系张夏组灰岩。

3. 教学安排

（1）安排一。

位置：秦渠枋口，见图14-7。

图14-7 秦渠枋口

内容：①了解秦渠枋口的历史；②对比古代水利工程与现代水利工程的区别；③观察并了解古代水利工程的特点。

要求：①以组为单位，讨论秦渠枋口取水工程与现代水利工程的区别；②佩戴安全帽，以防落石。

（2）安排二。

位置：焦枝铁路涵洞。

内容：①观察并分析涵洞周围断层破碎带发育情况；②以组为单位讨论并分析该位置的工程地质条件；③绘制该位置的地质素描图。

要求：①佩戴安全帽，以防落石；②绘制地质剖面素描图；③观察破碎带特征。

（3）安排三。

位置：过焦枝铁路涵洞沿沁河右岸。

内容：①观察危岩体、坡积物特征；②观察并了解矿山治理措施；③沿途观察岩性变化，判断有无地质构造现象存在。

要求：①佩戴安全帽，以防落石；②描述危岩体特征，并填写相应的表格。

（4）安排四。

位置：沁河左岸广济渠渠首，该渠首地质现象见图14-8。

内容：①观察寒武系张夏组灰岩结构的变化；②观察并描述危岩体、坡积物的特征及其分布。

要求：①分析沉积环境发生变化导致灰岩结构变化；②描述危岩体特征，并填写相应的表格；③描述坡积物特征，并填写相应的表格。

图 14-8　沁河左岸广济渠渠首地质现象

（5）安排五。

位置：沁河五龙口水文站。

内容：①观察五龙口水文站，分析水文站特点；②分析五龙口水文站的重要性。

要求：①了解五龙口水文站，观测水文要素；②了解五龙口水文站测流原理。

4．思考题

（1）断层破损带的工程地质条件。

（2）危岩体和坡积物的危害。

（3）五龙口水文站的重要性。

五、青多水源地—济渎庙实习路线

自住宿地乘车至青多水源地，完成实习内容后，乘车至济渎庙。

1．教学目的

（1）了解水源井。

（2）了解济水的演变过程。

（3）了解岩溶泉。

2. 教学内容

路线简介：本路线以青多水源地和济渎庙为重点，主要认识井、泉的特征。

（1）青多水源地水源井的布置特征。

（2）分析济水的演变过程。

（3）了解济渎泉的特点。

（4）分析岩溶泉的特点。

3. 教学安排

（1）安排一。

位置：青多水源地。

内容：①观测并描述青多水源井的分布，选择4～5口水源井绘制其分布位置示意图；②沿途观察有无环境问题。

要求：①测绘并描述水源井的分布，并绘制其分布位置示意图；②分析水源井的布置原则；③对比分析沁北水源地和青多水源地的异同。

（2）安排二。

位置：济渎庙，见图14-9。

图14-9 济渎庙

内容：①了解济水的演变过程；②了解济渎庙，了解庙内济渎泉的特点；③进行思政和愚公精神教育。

要求：济渎庙内保持安静，禁止高声喧哗。

（3）安排三。

位置：济渎庙东侧的岩溶泉。

内容：①观察并描述该泉的特征，测量其水位及流量；②观察并测量周围2～3口机民井的水位及其用途。

要求：①分析泉的类型及成因；②分析泉水与周围地下水之间的关系。

4. 思考题

（1）沁北水源地和青多水源地的异同。

(2) 泉水与周围地下水之间的关系。

第四节　地质实习报告编写

实习报告是对本次野外实习的综合分析和总结，用简练的文字、图表把野外观察到的各种工程地质、水文地质现象概括出来。报告内容要简明扼要，图文并茂。

一、实习报告编写格式

第1章　前言

内容包括实习区的地理位置、交通（附交通位置图）、自然地理状况、实习时间、实习的目的和任务、实习要求、人员组成以及完成任务情况等。

第2章　区域地质概况

2.1　简述实习区地层出露及分布特征，按地层时代由老至新的顺序分述。内容包括地层分布、发育概况、厚度、岩性、分层标志（标志层）、所含化石、地层接触关系等，并附各种素描图。

2.2　描述实习区内所见岩石类型、分布、规模、产状、特征等，附素描图。

2.3　简述实习区所见褶皱和断裂构造的主要特征。

第3章　水文地质

3.1　描述实习区的水文地质条件

3.2　描述实习区的沁北水源地、青多水源地和济渎泉

3.3　描述五龙口地热异常区

3.4　分析五龙口地热异常区与周围机民井的关系

3.5　分析济渎泉与周围机民井的关系

第4章　工程地质

4.1　蟒河口水库的工程地质条件、存在的工程地质问题

4.2　河口村水库的工程地质条件、存在的工程地质问题

4.3　蟒河口水库平洞观察描述、节理统计分析，附素描图

第5章　地质灾害

5.1　沁河两岸危岩体与坡积物特征

5.2　郭庄煤矿采空塌陷区调查

5.3　水库库岸边坡稳定性分析及相应工程治理措施

第6章　小结

主要写本次实习后感想、体会、意见、建议等。

报告编写要求文字简练、清晰、图件美观。要有题目、专业、班级、学号、姓名、指导老师、日期等。附件包括各种实测剖面图、手图、相应的图表等。

不同的专业实习内容侧重不一样，实习报告内容章节安排，由指导教师根据实际情况进行增删调整。

二、实习成绩评定

实习成绩评定依据学生野外实习表现、实习报告、实习图件综合评定。各项评定依据成绩建议权重见表14-1。

表14-1 各项评定依据成绩建议权重

评价事项	实习报告	表格填写	图件绘制	实习表现
权重	30	20	20	30

第五节 实习纪律与安全

一、实习纪律

（1）严格按照《实习教学大纲》要求，认真完成实习教学内容，听从学院和指导老师的安排和指导，积极参加各项活动，按质、按量、按时完成各项实习任务。

（2）实习期间，要严格遵守作息制度，不得迟到、早退或中途离开。有事必须向指导教师请假，未经同意，不得擅自离开。坚持集体活动，外出活动一般不少于三人。

（3）遵守国家法令、大学生守则及学院有关管理规章制度，遵守社会公德，尊重当地风俗习惯及有关地域政策，言行举止必须维护学院与师生的声誉。

（4）实习期间注意人身安全、财产安全，严禁私自下河游泳；严禁夜不归宿；严禁酗酒、打架、斗殴、赌博。

（5）增强安全防范意识，提高自我保护能力，注意人身安全和财物安全，防止各种事故发生。不得擅自爬山、游泳，不得涉足娱乐场所；晚上归队后未经指导教师批准，不得外出，如有急事必须外出者，经指导教师批准并在同学的陪伴下在规定的时间内归队。指导老师和学生要互相留下联系方式，以便及时联系。

（6）因病、因故不能参加实习的同学，要有医院证明或者书面陈述报告，向学院办理请假手续。实习期间请假的，应经指导老师同意，未经批准，不得擅自离开实习基地，否则按无故缺勤处理。

二、安全事项

本次实习是实践教学环节的重要组成部分，也是培养学生独立实践能力的重要途径。为使校外实习达到预期目的，保证实习工作顺利进行，保障学生个人安全，要求学生实习期间注意如下事项。

1. 遵纪守法注意事项

在外实习期间要做到不酗酒，以免饮酒过度发生意外；不参与赌博；不因好奇而接触或尝试毒品；不参与封建迷信活动；克制自己的情绪，严禁打架斗殴；遇到突发事件及时报警，确保自身生命安全不受侵害。

2. 实习工作时注意事项

实习工作时，着装、态度、言行均应谨慎；访问过程中，与当地老乡接触时应态度亲切、和蔼，言行得当。

第五节 实习纪律与安全

3. 食品卫生注意事项

在外实习要注意个人饮食卫生,尽可能在实习单位食堂就餐,不要食用不干净、过期变质或来源不明的食物,以防食物中毒;注意防范各种疾病,特别是季节性疾病传播的自我防御和自我保护。实习期间,发生疾病应到正规医院就诊,避免到非正规的诊所就诊。

4. 防抢防盗注意事项

妥善保管好自己的存折、银行卡和各种证件;晚上不单独外出,如有急事需外出的则要结伴而行;不轻信陌生人,不与网友会面;若遇紧急情况要第一时间报警和联系带队老师。

5. 交通安全注意事项

自觉遵守交通规则,严禁酒后或无证驾驶机动车;不要乘坐"黑车",要到正规的营运部门购买车票、船票、机票,不要贪图小便宜而上当受骗。同时注意乘车安全,保管好自己的钱包和贵重物品,防止被扒窃;路途中与他人交谈时,不要将有关个人的任何信息,尤其是姓名、身份证、家庭住址、电话号码、微信、QQ、银行卡号及其密码等告知陌生人。

6. 野外实习具体要求

(1) 严格遵守实习纪律,听从带队老师安排。

(2) 集体行动,野外切忌擅自离队。

(3) 班委协调队前队后,防掉队、走失。

(4) 小组坐车,记住座位,相互照看,每次上车前一定要点名。

(5) 有事(如厕等)暂离队一定要报告带队老师。

(6) 队伍行进中,尽量靠右成单列,不要大声喧哗,切勿乱扔垃圾,体现大学生的精神风貌。

(7) 按计划路线行动,不要探幽访奇。

(8) 观察典型地质地貌现象时,呈扇形队形听指导教师讲解并仔细记录,忌大声喧哗。

(9) 收队后,三五人团体结伴行动,严禁夜间外出。

三、实习须知

1. 实习要求

(1) 复习已学理论知识。

(2) 认真观察记录各地质地貌现象特征并绘图。

(3) 认真采集标本并整理。

(4) 应用地质基础理论分析野外地质现象。

(5) 抽查野外地质记录(30%)。

(6) 认真撰写野外实习报告(70%),要求手写,字数5000字以上。

(7) 严格遵守野外实习纪律,注意安全。

2. 实习准备

(1) 身份证:住宿登记。

(3) 记录本（宜硬皮本，班费统一买，忌日记本）、铅笔、签字笔。

(4) 地质包、地质锤、罗盘、放大镜。

(5) 轻便宽松的衣服（透气、御凉、有弹性；秋衣裤防下雨）。

(6) 厚底运动鞋。

(7) 遮阳帽，雨伞，常用药品。

(8) 水。

野外地质实习关乎广大师生生命财产安全，希望大家一定要严格遵守实习纪律，服从集体统一安排，圆满完成实习任务，平安顺利返回学校。

参 考 文 献

[1] 陈南祥. 工程地质及水文地质 [M]. 5版. 北京：中国水利水电出版社，2016.
[2] 张桂林，冯佐海，文鸿雁，等. 基于3S技术数字化地质填图新方法 [M]. 北京：国防工业出版社，2005.
[3] 周仁元，赵得思，郝福江. 区域地质调查工作方法 [M]. 北京：地质出版社，2009.
[4] 舒良树. 普通地质学 [M]. 3版. 北京：地质出版社，2010.
[5] 刘显凡，孙传敏. 矿物学简明教程 [M]. 2版. 北京：地质出版社，2010.
[6] 肖渊甫，郑荣才，邓江红. 岩石学简明教程 [M]. 3版. 北京：地质出版社，2009.
[7] 郭颖，李智陵. 构造地质学简明教程 [M]. 武汉：中国地质大学出版社，1995.
[8] 李忠权，刘顺. 构造地质学 [M]. 3版. 北京：地质出版社，2010.
[9] 苏生瑞，王贵荣，黄强兵. 地质实习教程 [M]. 北京：人民交通出版社，2005.
[10] 苏生瑞. 地质教学实习教程 [M]. 北京：地质出版社，2010.
[11] 李纪人，黄诗峰. "3S"技术水利应用指南 [M]. 北京：中国水利水电出版社，2002.
[12] 程鹏飞，成英燕，刘汉江，等. 2000国家大地坐标系实用宝典 [M]. 北京：测绘出版社，2008.
[13] 刘光明. CGCS2000坐标转换 [M]. 北京：测绘出版社，2020.
[14] 戚筱俊，张元欣. 工程地质及水文地质实习、作业指导书 [M]. 2版. 北京：中国水利水电出版社，1996.
[15] 王青春. 秦皇岛地质认识实习教程 [M]. 北京：地质出版社，2010.
[16] 吴孔友，冀国盛. 秦皇岛地区地质认识实习指导书 [M]. 东营：中国石油大学出版社，2007.
[17] 程胜利，孙宝玲，苗雨国. 嵩山地质实习指南 [M]. 北京：地质出版社，2008.
[18] 司荣军. 嵩山世界地质公园 [M]. 徐州：中国矿业大学出版社，2010.
[19] 陆兆溱. 工程地质学 [M]. 2版. 北京：中国水利水电出版社，2001.

照片 师生实习合影留念